教育部 财政部职业院校教师素质提高计划职教师资培养资源开发项目
"土木工程"专业职教师资培养资源开发(VTNE040)
教育部 财政部职业院校教师素质提高计划成果系列丛书

# 建筑工程职业和专业教学论

颜明忠 主编

同济大学出版社
TONGJI UNIVERSITY PRESS

## 内容提要

本书介绍了建筑技术和建筑职业发展背景下，劳动组织的变化；以职业/工作分析作为专业教学论的重要基础，对建筑技术的劳动任务、工作对象、工作过程、工作内容进行分析，并导出学习领域概念及主要内容、学习领域课程开发的方法，介绍了学习情境开发及教学法案例。分别对砌筑工、钢筋工等多个工种的学习情境进行设计，并以行动导向教学法进行案例分析。

本书汇集了教师多年的专业教学经验，提供了大量的教学案例；同时本书的编写借鉴了德国等发达国家的职业教育经验，蕴含了国内外职业教育的新理念。

本书可作为相关高校培养土木工程专业职业院校教师师资的教材，也可用于该专业的职业院校教师师资的培训和进修。

**图书在版编目(CIP)数据**

建筑工程职业和专业教学论 / 颜明忠主编.
--上海：同济大学出版社，2017.12
ISBN 978-7-5608-7569-9

Ⅰ.①建… Ⅱ.①颜… Ⅲ.①建筑学—教学研究—职业教育 Ⅳ.①TU-42

中国版本图书馆 CIP 数据核字(2017)第 307677 号

**建筑工程职业和专业教学论**

颜明忠 **主编**

**责任编辑** 马继兰 **责任校对** 徐春莲 **封面设计** 陈益平

出版发行 同济大学出版社 www.tongjipress.com.cn
(上海市四平路 1239 号 邮编:200092 电话:021-65985622)
经　　销 全国各地新华书店
排　　版 南京新翰博图文制作有限公司
印　　刷 江苏凤凰数码印务有限公司
开　　本 787 mm×1 092 mm 1/16
印　　张 8.5
字　　数 212 000
版　　次 2018 年 2 月第 1 版 2018 年 2 月第 1 次印刷
书　　号 ISBN 978-7-5608-7569-9

定　　价 39.00 元

# 编 委 会

# 出版说明

《国家中长期教育改革和发展规划纲要(2010—2020年)》颁布实施以来，我国职业教育进入到加快构建现代职业教育体系、全面提高技能型人才培养质量的新阶段。加快发展现代职业教育，实现职业教育改革发展新跨越，对职业学校“双师型”教师队伍建设提出了更高的要求。为此，教育部明确提出，要以推动教师专业化为引领，以加强“双师型”教师队伍建设为重点，以创新制度和机制为动力，以完善培养培训体系为保障，以实施素质提高计划为抓手，统筹规划，突出重点，改革创新，狠抓落实，切实提升职业院校教师队伍整体素质和建设水平，加快建成一支师德高尚、素质优良、技艺精湛、结构合理、专兼结合的高素质专业化的“双师型”教师队伍，为建设具有中国特色、世界水平的现代职业教育体系提供强有力的师资保障。

目前，我国共有60余所高校正在开展职教师资培养，但由于教师培养标准的缺失和培养课程资源的匮乏，制约了“双师型”教师培养质量的提高。为完善教师培养标准和课程体系，教育部、财政部在“职业院校教师素质提高计划”框架内专门设置了职教师资培养资源开发项目，中央财政拨款1.5亿元，系统开发用于本科专业职教师资培养标准、培养方案、核心课程和特色教材等系列资源。其中，包括88个专业项目，12个资格考试制度开发等公共项目。该项目由42家开设职业技术师范专业的高等学校牵头，组织近千家科研院所、职业学校、行业企业共同研发，一大批专家学者、优秀校长、一线教师、企业工程技术人员参与其中。

经过三年的努力，培养资源开发项目取得了丰硕成果。一是开发了中等职业学校88个专业(类)职教师资本科培养资源项目，内容包括专业教师标准、专业教师培养标准、评价方案，以及一系列专业课程大纲、主干课程教材及数字化资源；二是取得了6项公共基础研究成果，内容包括职教师资培养模式、国际职教师资培养、教育理论课程、质量保障体系、教学资源中心建设和学习平台开发等；三是完成了18个专业大类职教师资资格标准及认证考试标准开发。上述成果，共计800多本正式出版物。总体来说，培养资源开发项目实现了高效益:形成了一大批资源，填补了相关标准和资源的空白；凝聚了一支研发队伍，强化了教师培养的“校—企—校”协同；引领了一批高校的教学改革，带动了“双师型”教师的专业化培养。职教师资培养资源开发项目是支撑专业化培养的一项系统化、基础性工程，是加强职教教师培养培训一体化建设的关键环节，也是对职教师资培养培训基地教师专业化培养实践、教师教育研究能力的系统检阅。

自2013年项目立项开题以来，各项目承担单位、项目负责人及全体开发人员做了大量深入细致的工作，结合职教教师培养实践，研发出很多填补空白、体现科学性和前瞻性的成果，有力推进了“双师型”教师专门化培养向更深层次发展。同时，专家指导委员会的各位专家以及项目管理办公室的各位同志，克服了许多困难，按照两部对项目开发工作的总体要求，为实施项目管理、研发、检查等投入了大量时间和心血，也为各个项目提供了专业的咨询和指导，有力地保障了项目实施和成果质量。在此，我们一并表示衷心的感谢。

编写委员会<br>2016年3月

# 序

为贯彻落实《国务院关于加强教师队伍建设的意见》(国发〔2012〕41号)《教育部　财政部关于实施职业院校教师素质提高计划的意见》(教职成〔2011〕14号)等文件精神，2013年启动职业院校教师素质提高计划本科专业职业院校教师师资培养资源开发项目。该计划的一项重要内容是开发88个专业项目和12个公共项目的职业院校教师师资培养标准、培养方案、核心课程和特色教材，这对促进职业院校教师师资培养培训工作的科学化、规范化，完善职业院校教师师资培养体系有着开创性、基础性意义。

对土木工程专业职教师资而言，由于土木工程专业技术性强，既需要掌握相应的理论知识，又必须具备相当的实践技能，同时还需要根据技术的发展，不断更新知识和技能，对教师的教学能力提出了较高的要求。目前土木工程专业教师的状况不尽如人意，不仅许多教师毕业于普通高校的相关专业，即使来自于专门培养的职业院校的教师，其教学能力也很欠缺。在本科阶段，加强职业教育师资培养，是推进职业教育教师队伍建设的重要内容，是提高教师队伍整体素质的主要途径。

经过申报、专家评审认定，同济大学为全国重点建设职业院校教师师资培养培训基地，承担了"土木工程专业职教师资培养标准、培养方案、核心课程和特色教材开发项目"，制定专业教师标准、制定专业教师培养标准 、制定培养质量评价方案以及开发课程资源(开发专业课程大纲、开发主干课程教材、开发数字化资源库)的编制、研发和创编工作。本套核心教材一共5本，是本项目中的一个重要组成部分。本套核心教材的编写广泛采用了基于工作过程系统化的设计思想和体现问题导向、案例引导、任务驱动、项目教学等职业教育教学方法的要求，整体实现"三性融合"，采用系统创新，有整体设计，打破学科化、单纯的学术知识呈现的旧有模式。

本套教材可作为相关高校培养土木工程专业职业院校教师师资的专用教材，也适用于该专业的职业院校教师师资的培训和进修辅助教材。

土木工程专业职教师资培养资源开发课题组

2016年11月

# 前　言

为贯彻落实《国务院关于大力发展职业教育的决定》有关要求，2006 年年底，教育部、财政部启动实施了“中等职业学校教师素质提高计划”。2013 年又启动职业院校教师素质提高计划本科专业职教师资培养资源开发项目。该计划的一项重要内容是开发 88 个专业项目和 12 个公共项目的职教师资培养标准、培养方案、核心课程和特色教材，这对于促进职教师资培养培训工作的科学化、规范化，完善职教师资培养体系有着开创性、基础性意义。

按照项目实施办法，专业项目要取得五部分成果，一是该专业教师标准；二是该专业教师培养标准；三是该专业教师培养的专业核心课程教材，专业教学论教材是其中一门教材；四是该专业教师数字化资源库；五是该专业教师培养质量评价方案。本教材是教育部财政部 88 个专业项目中“土木工程专业”项目开发的该专业的专业教学论教材。

职业教育作为以就业为导向的教育，与普通教育或高等教育相比最大的不同点在于其专业鲜明的职业属性。职业教育专业的这一职业属性反映在教学中，集中体现在职业教育专业的教学过程中与相关职业领域的行动过程中，即与职业的工作过程具有一致性。作为职业教育的重要组成部分，职教师资的培养必须考虑到，通过独具特色的、科学的培养，使其不但具备作为一名教育工作者的职业素质，还应熟悉职业领域的工作过程，掌握与工作过程有关的专业知识，具备工程师的基本技能。这意味着，职教师资的专业教学，总是与职业或职业领域以及职业或职业领域的行动过程紧密联系在一起的。这就要求职业教育的专业教学，要具备独特的视野，本书的指导思想就在于构建有别于普通教育或高等教育的专业教学体系和教学方法。

本书共分为 6 章。第 1 章首先介绍了项目背景，其次对“专业教学论”进行了概念上的界定，同时阐述了“专业教学论”的内涵，最后讨论了专业教学论与职教师资培养的关系。第 2 章描述了土木工程专业现状和发展以及相关职业的岗位分析，了解实际的职业及职业规章，适应职业领域里工作的未来发展。这意味着，职教教师更应掌握某一职业领域中具体的职业及其职业规章的形成与发展，以便能预见该职业领域里工作未来的发展趋势。第 3 章首先介绍了职业和工作的分析方法，职业/工作分析作为专业教学论的一个重要基础，是教师必须掌握的内容；专业工作中所包含的学习的可能性，即通过专业工作进行经验学习与行动学习的可能性，一直未纳入教学计划当中，工作的形式与内容决定职业能力的形成与获得。职教教师的任务是，要善于把工作岗位及工作过程转换为学习环境及学习领域，以便学生能开拓在专业工作中学习的可能性。同时对建筑技术职业的特点、工作过程、工作内容等进行了详细分析。第 4 章阐述了学习领域课程方案的开发，这是构成职业教育专业方向的核心内容，重点是旨在传授职业行动能力的教学过程或学习过程的组织。分别介绍了学习领域的概念及主要内容、学习领域课程开发的方法，以施工员为例进行了培养课程的开发，重点在于帮助使用者掌握学习领域课程开发的方法。第 5 章着重介绍了学习情境开发方法，分别对砌筑工、钢筋工、架子工、混凝土工、测量放线工、木工、抹灰工等几个工种的学习情境进行了开发设计。第 6 章是在前几章知识基础上，以行动导向教学为理论基础，分析其教学组织和教学原则，对实验教学法、引导文教学法、考察教学法、案例教学法等行动导向教学法进行具体介绍，并给出了相应的案例。

第 4 章、第 5 章和第 6 章不但是职业教育和专业教学论主要的理论根基，也是本书的特色之一。世界上只有德语文化圈国家，包括德国、奥地利、瑞士，将职业教育学作为大学职教师资培养的一门独立学科，围绕职业教育师资培养的实践活动，集中了大批专门从事职业教育学研究的教授，建立了高水平的研究机构，并在职业教育的专业教学研究的理论与实践方面，取得了许多极具国际影响力的科学成果。本书将体现这些职业教育研究的新理念，并结合中国中职教育的实践，为我国职业教育的师资培养，填补教材方面的一项空白。

编写过程及情况：

该书的编写将土木工程专业课程进行了系统全面的归类，阐述了专业教学方法、教学模型、教学目的以及教学的内容和实施步骤；根据许多教师多年的教学经验，提供了大量的教学案例，具有生动、形象的特点。

该教材另一特点在于以相关行业为背景，对建筑技术行业的劳动任务、工作对象、操作工具、劳动环境等特点进行分析，培养学生对职业所包含的工种及岗位的职责、任务及所要求的知识、技能、行为能力的分析和研究的能力。

该书可作为师范院校培养建筑和建筑技术专业职教师资的专用教材，也适用于该专业的职教师资的培训和进修。该书的编写借鉴了德国等发达国家的职业教育的经验，蕴含了国内外职业教育的新理念，建议在使用该书前了解一些职业教育、劳动科学的理论基础。

同济大学职业技术教育学院以中德政府间合作项目“同济大学职教师资培养项目”为契机，通过研究德国职教师资培养的成功模式，制定了全新的培养计划和教学大纲，基于国内外的教材与教学改革的研究基础，开设了“专业教学法”这一门核心课程，任课教师即本书编写人员来自土木工程专业并曾赴德国攻读博士学位，主要研究德国职业教育专业教学论和劳动技术科学。主编颜明忠获得同济大学土木工程工学博士、德国不来梅大学职业教育博士双学位。

限于编者的学识，书中难免有疏漏之处，敬请广大读者批评指正。

编者

2017 年 10 月

# 目　录

# 1　绪论

## 1.1　项目背景

为贯彻落实全国教育工作会议精神和《国家中长期教育改革和发展规划纲要(2010—2020年)》提出的完成培训一大批“双师型”教师、聘任(聘用)一大批有实践经验和技能的专、兼职教师的工作要求,进一步推动和加强职业院校教师队伍建设,促进职业教育科学发展,教育部、财政部决定2011—2015年实施职业院校教师素质提高计划,国家于2011年出台了《教育部关于“十二五”期间加强中等职业学校教师队伍建设的意见》。在此基础上,2013年6月7日,教育部又印发了《职教师资本科专业标准、培养方案、核心课程和特色教材开发项目管理办法》,进一步加强职教师资培养体系建设,提高职教师资培养质量。

职教师资培养资源开发项目周期为3年(2013—2015年),由中央财政设立专项资金,组织具备条件的全国重点建设职业教育师资培养培训基地,开发100个职教师资本科专业培养标准、培养方案、核心课程和特色教材,具体包括88个专业项目(项目编号为VTNE001至VTNE088)和12个公共项目(项目编号为VTNE089至VTNE100)的成果。该项目在具体实施过程中涉及机电类、电子信息类、农林牧渔土木类、财经商贸及旅游服务类、化工医药、食品卫生、艺术设计、教育类五大类专业项目及12个公共项目。按照项目实施办法,专业项目要取得六部分成果,一是,该专业教师标准;二是,该专业教师培养标准;三是,该专业教师培养的专业核心课程教材;四是,编制一部该专业的专业教学论教材;五是,该专业教师数字化资源库;六是,该专业教师培养质量评价方案。

本教材以中等职业学校教师素质提高计划《教育部、财政部职教师资培养方案课程和教程开发项目》(项目编号:VTNE040)为背景,以项目组(同济大学)于2014年依据调研报告开发的土木工程专业中等职业学校教师标准为基础,并以教师培养标准为基础,开发的土木工程专业职教师资专业教学论教材。

教学方法的掌握和应用是教师教育教学能力的一个重要方面,因此教师教学方法能力的提高也成为我国中职教师素质提高计划的重要内容。教育部财政部实施的职教师资本科专业“专业教学论”模块的开发,体现了国家层面对这一问题的关注和采取的措施。掌握和运用教学方法为实施专业教学服务是职教师资培养的重要目的,因此专业教学论培养教材开发应以教学实践技能提高为目标,注重培养职教师资基于工作过程进行职业分析的能力,强调对教师教学的指导性和操作性,提高职教师资培养的有效性。因此培养包开发的“专业教学论”模块强调职教师资专业教学论基于工作过程的岗位分析,教学过程的开发及专业教学中教学方法的应用掌握。开发职教师资本科培养的专业教学论教材应该遵循以下原则:

(1) 符合中等职业教育学生的认知特点和学习心理。

(2) 符合本专业教学的特殊性要求(职业性和实践性)。

# 1.2 专业教学论概念及内涵

## 1.2.1 专业教学论概念

教学论这一术语最早是由17世纪德国教育家拉特克(Ratke)和捷克教育家夸美纽斯(Comedies)提出来的。夸美纽斯的《大教学论》是第一本系统地总结欧洲文艺复兴以来教学经验的著作,被认为是教学论学科的奠基之作。以实践哲学和心理学为理论基础,德国赫尔巴特(Herbart)的《普通教育学》(1806)的问世,使教学论成为一门独立的学科,将教学过程分为明了、联想、系统和方法四个阶段,分别采用叙述、分析、综合与应用的教学方法,极大地提高了教学效率。这一理论被称为"教学四阶段理论"(表1-1)。作为教学的基本原理,教学论包括四部分的内容:教学的目标及其相互关系,教学主题和内容,教学的方法及这些方法间的相互作用,教学环境与教学媒体(图1-1)。

表1-1　赫尔巴特教学阶段[1]

| 教学阶段 | 明了 | 联想 | 系统 | 方法 |
| --- | --- | --- | --- | --- |
| 掌握知识环节 | 钻研 | | 理解 | |
| 观念活动环节 | 静态 | 动态 | 静态 | 动态 |
| 兴趣阶段 | 注意 | 期待 | 探求 | 行动 |
| 教学方法 | 叙述 | 分析 | 综合 | 应用 |

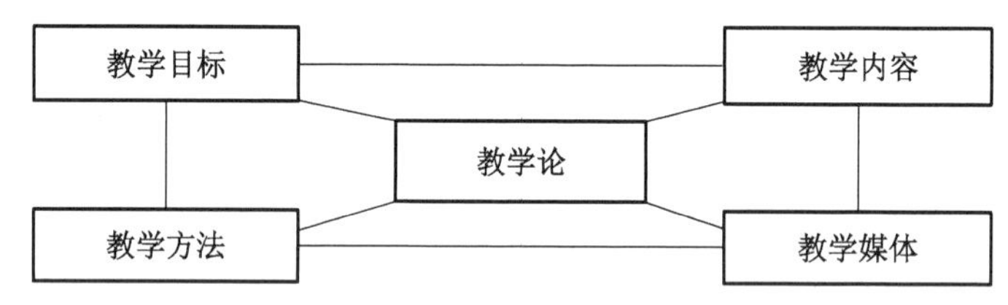


图1-1　教学论的基本范畴

关于专业教学论概念有很多不同的定义,不同学者从不同的角度对其进行了探讨。有学者认为,专业教学论是基于某一专业领域或方向,关于教与学的理论与实践的一门学科,是教学论具体化的体现,涉及单个或多个科目。陈永芳认为,专业教学论与专业课教学方法之间不能画等号。专业教学论可以理解为"专业科学的辅助科学""跨接科学""整合科学"。它要解决的问题是:如何在专业科学的基础上确定教学目标、教学对象和教学内容,选择教学方法,制定教学方案。对教学过程实施专业教学论"处理",是教学计划制定与实施的重要内容,其内涵比教学方法更广泛、更深刻。也有研究者认为,专业(学科)教学论这一概念已经有了课程层面的意义,隐含着某种内容限定:某种程度上它已经规范了课程内容,常以学术性学科为准。德国专业教学论中的专业与中等教育中的学科有时是一一对应的关系,比如语言、数学、物理等专业教学论,有时则以某一大类学科为一个领域,集中开展教学论的研究,比如自然科学领域的教学论等;因此,也有领域教学论(Bereichsdidaktik)这一提法,将相邻领域的学科做合并同类项式的综合,典型的代表有自然科学教学论、外语教学论等。但这一做法遭到德国专业教学论协会的强烈反对,认为合并过多出于经济原因,不利于针对具体专业内容开展教学论研究。

德国学者彼德森(Peterson W.)在《职业教育学中的专业教学论》中对职业教育的专业教学论给出定义:在专业教学论中,存在一个基本模式,即对工作、技术和职业教育之间转换关系的分析和构成,以此进行开发与实验(图 1-2)。

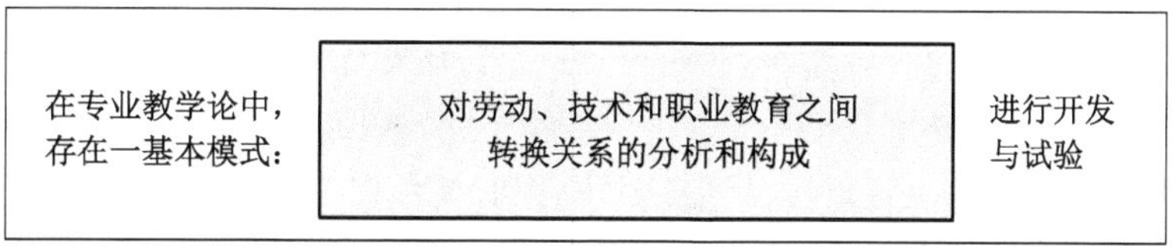

在专业教学论中,存在一基本模式: 对劳动、技术和职业教育之间转换关系的分析和构成 进行开发与试验

图 1-2 专业教学论的定义

### 1.2.2 专业教学论内涵

工作(劳动组织)、技术和职业教育之间的相互作用,共同构建了职业教育学的理论基石,专业教学论则是在此基础上开发出来的一门学科。“工作(劳动组织)”“生产技术”和“职业教育”这三个因素再加上“职业的发展”,构成了专业教学论研究内容的四个核心领域(图 1-2)。

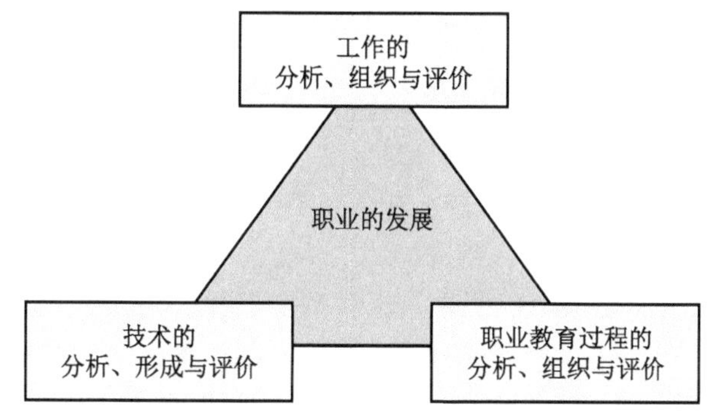


图 1-3 专业教学论的四个核心领域

1. 职业的发展(职业领域内的职业、劳动及技术的发展)

该领域涉及职业领域中职业的形成与发展。学生通过范例教学,学习按照职业的形成组织的工作所蕴含的内容与形式,了解实际的职业及职业规章,适应职业领域里工作的未来发展。这意味着,职教教师更应掌握某一职业领域中具体的职业及其职业规章的形成与发展,以便能预见该职业领域里工作未来的发展趋势。

2. 职业教育过程的分析、组织与评价

该领域是构成职业专业方向的核心内容,重点是旨在传授职业行动能力的教学过程或学习过程的组织。这一过程在很大程度上受到培养规格及教学计划的影响,因此要求对教学计划的具体设计、实施与评价以及教学资料、媒体、专业实验室及实训场所进行研究。教学过程或学习过程是职教师资培养的基本学习内容。这一学习领域特别要求关注职业专业方向的教育与普通职业教育学之间的紧密联系。

3. 工作的分析、组织与评价

该领域的中心内容是企业组织、工作组织以及组织技术。在专业工作中所包含的学习的可能性,即通过专业工作进行经验学习与行动学习的可能性,一直未纳入教学计划之中。因为工作不仅是一个能力的支出,而且也是一个能力获得的过程。因此工作的形式与内容决定着职业能力的形成与获得。职教教师的任务是,要善于把工作岗位及工作过程转换为学习环境及学习领域，以便学生开拓在专业工作中学习的可能性。为达到这一目的，学生必须掌握该职业及职业领域中特定的分析方法与组织方法。

4. 技术的分析、形成与评价

该领域涉及技术的可能性与社会的愿望之间的关系。通常情况下对一个技术问题往往有多种解决途径，采用某种特定的解决途径仅仅是为了实现解决技术特定部分的问题。技术要求的有些部分在目标、目的及兴趣上是完全不同的，甚至相反。因此，对技术的分析应该研究与兴趣及目标相联系的不同的技术决策过程及实施过程，同时要考虑技术的使用价值及适用性。

就技术的形成或设计而言，当技术与目的、手段及其内在联系相脱离时，技术在其本质上就不能被理解为目的的客体化。如果从技术的使用价值及其提出的要求对技术进行研究，就会从中得出对教育具有重要意义且与职业相关的学习内容。这意味着，人本主义的、以人为中心的技术设计应该考虑到，技术设计的基本观点是使用价值的发挥，技术的设计要考虑到与人的能力的互补性。这里指的是人自身不能胜任或难以胜任的工作应通过设计相应的技术去完成。在技术领域里首要的问题是，怎样才能培养人具备设计这种技术的特殊能力。

## 1.3 专业教学论与职教师资培养的关系

我国绝大部分职业教育院校，都没有为职教专业师资培养设置专业教学论课程，即使设置了该课程，也没有统一、成熟的教材，相关研究也多以论文形式出现。随着职业教育的发展和对德国先进职业教学经验的了解，各学校逐渐认识到专业教学论在职业教育师资培养方面的必要性和重要性。

目前职教师资专业教学论教学主要来自于教师实践摸索或对其他教学方法的模仿，缺乏理论指导，要根据职业要求变化改革教学计划、教学内容更难。目前学术界对职业教学论研究日益重视，研究成果日渐丰富，专业教学论理论日渐成熟，但由于不同专业、层次的职业具有不同的知识特点和能力要求，需要有与其相对应的具有各专业特色的专业教学论，目前除了极少工科专业有专业教学论外，其他专业都没有对应的专业教学论。职业学校专业教师的素质高低决定了职业教育的质量。完善职教师资的培养培训，提高我国职业教育师资队伍的水平，是我国职教改革的重要任务之一。

在职教师资培养培训中，专业教学论称为职业教育的专业领域与教育科学间的纽带，起到加强职业教育教师“职业科学”的作用，可以说，专业教学论是职业教育师资“最切身”的“职业科学”。职业教学论相关课程是职业教育师资培养方案的重要组成部分。

德国大学职教师资培养分为两个阶段，即专业学习阶段和见习阶段。在这两个阶段，专业教学论都是必修课。以黑森州为例，在大学进行的职教师资培养的第一阶段总课时为128～160周学时。其中，24～40周学时用于教育学和社会科学的学习，70～80周学时用于专业科学和专业教学论的学习，40～56周学时用于第二专业及其教学论的学习。第二阶段的学习不在大学进行，而是作为见习教师在职业学校实习，并定期参加州教育学院为见习教师举办的研修班。专业教学论依然是这一阶段的重要学习内容，特别是在职业学校实习基础上进行深入研修的重要内容。相比之下，我国职教师资在专业教学论的学习方面相当薄弱。由于大多数职业教育的专业师资来自工科大学，其所接受的教育与工程师教育几乎没有差别。这些专业教师在职业教育教学中所应用的教学方法，几乎全靠自己在实践中摸索，或者是对其他教师教学方法的模仿，缺乏有效的专业教学论指导。因此，这些教师对动态的职业需求变化的研究以及积极参与由此引起的教学计划、教学内容的改革行动，就显得力不从心。

借鉴德国职业教育专业教学论研究及职业教育师资培养的经验，这对我国职业教育师资培养模式的改革具有重要的现实意义。以往教师的“资格模型”早已无法满足现代社会对职业教育师资的新要求，取而代之的是根据今天对教师职业新要求制定的新的职业模型。教师的职业资格已多元化(图 1-4)[①]。在新的教师资格模型中，教师的科学研究能力、理论功底以及过硬的专业技术都只是一个小的方面，现代职业教育对教师提出了更高的要求：

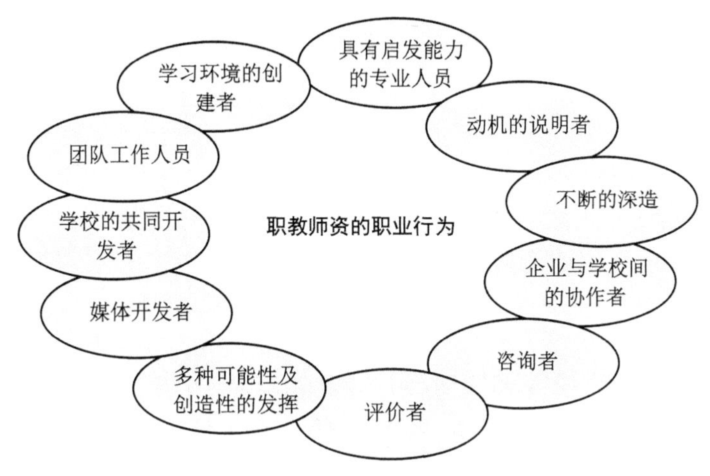


图 1-4　职教教师的职业行为

(1) 要求掌握关于工作过程、技术和职业发展的知识；

(2) 教师不仅要传授知识，而且还要将其融入教学情境，发现问题；

(3) 制定教学计划、设计课程以及遵循教育论的要求。

职业教育师资的培养与职业的发展紧密相关。职业教育师资的资格具有双重实践特征：一是作为职业教育教师的教学实践，它存在于教学的具体组织与实施过程中；二是作为专业技术人员的生产实践，它存在于生产劳动的具体组织与实施过程中。职业教育师资的任务，是使学生具备在企业从事专业技术工作必须具备的职业能力，因此职业教育师资的教学实践必须与不断变化的专业技术人员的职业实践相适应。

目前，国内关于培养“双师型”职教专业师资的讨论十分热烈，但多数把注意力集中在强化动手能力方面，对“工程师”或“技师”这一“师”的培养比较关注。而对如何培养教师在专业教学方面的能力，引导教师成为具备职业教育特色的“讲师”这一“师”，却关注甚少。实际上，即便具有丰富的专业理论知识和职业实践经验，如果缺乏合适的教学方案、教学组织和教学方法，仍然不会取得良好的教学效果。因此，有必要借鉴德国的成功经验，为职教师资补上职业教育专业教学论这一课。

---

① Ruetzel J.：Ansaetze zu einer veraenderten Lehrerbildung fuer berufliche Schulen in Deutschland. In：中德职业教育的现状与未来。学林出版社，2000。

# 2 土木工程专业现状和发展前景

## 2.1 土木工程介绍

### 2.1.1 概述

土木工程是建造各类工程设施的科学技术的统称。它既指工程建设的对象，即建造在地上、地下、水中的各种工程设施，也指所应用的材料、设备和所进行的勘测、设计、施工、保养、维修等专业技术。由此可以看出土木工程是一门覆盖了众多领域知识与理论的学科。土木工程的主要组成部分有结构工程、岩土工程、交通工程、建筑施工(管理)、环境工程。

土木工程是国家的基础产业和支柱产业之一。同时我国土木行业的劳动密集型特征又决定它是接收我国劳动力的一个重要行业，对于解决我国劳动力剩余问题具有重要意义。由于土木工程项目投入大、带动的行业多，对国民经济具有举足轻重的影响。随着我国城镇化进程的进一步推进，这一趋势还将继续呈现增长的势头。

### 2.1.2 土木工程发展现状

土木工程的发展包括三个部分，即土木工程理论、土木工程设计以及土木工程施工。

土木工程理论主要包括力学、数学、材料、计算机等学科。计算机技术特别是硬件制造水平的飞速发展也给土木工程的行业带来了质的飞跃，计算机理论技术与传统力学结合产生的如计算结构力学、计算流体力学等新兴交叉学科得到了蓬勃发展。

土木工程设计的发展已经历了数十个世纪。从最初的公元前 26 世纪建造埃及金字塔时的直观感觉设计，到参照已建建筑的经验设计法，发展到如今最常用的全面考虑安全性、经济性、耐久性并结合概率统计的极限状态设计法。此外还有许多待进一步发展的设计方法和设计理念，如性能化设计、结构主动控制、分形理论等内容。

土木工程施工的发展主要体现在施工材料、施工设备和施工工艺三个方面。施工材料出现了高强材料、复合材料、新型材料为主的全新建筑材料，如 590 $N/mm^2$ 级钢、形状记忆合金、碳纤维加强复合材料、再生混凝土等。工程建设中使用的设备工具不断地向自动化、机械化发展，出现了如建筑施工升降平台、山地挖掘机、泥水平衡盾构机、TBM 凿岩机等新型工程机械设备。施工工艺的合理选择往往能够在保证工程质量的前提下降低工程成本，加快工期。如基坑开挖逆作法、基坑支护 SMW 工法、地基加固中新兴的 MJS 工法和 TRD 工法、隧道开挖中的新奥法已经得到了广泛的工程实际应用。

### 2.1.3 土木工程发展趋势

1. 土木工程信息化

土木工程信息化是指利用计算机、通信、自动控制等信息处理技术对传统土木工程技术手段及施工方式进行改造与提升，促进土木工程技术及施工手段不断完善，使其更加科学、合理，通过实现土木信息的在线与共享，以随时随地互动的方式提供土木信息支持和完整的问题解决方案，从而实现土木工程的高效率和高效益。随着高性能计算机和虚拟现实技术的发展，我国在建筑信息模型(BIM)、结构健康监测(SHM)和智能交通系统(ITS)等方面取得了一定的成果，目前已具备了良好的土木工程信息化基础，土木工程信息化建设发展已经初具规模，形成了较为完善的理论体系和一大批实用技术。

2. 高性能材料的应用

随着科学技术的不断发展，越来越多的高性能材料面世并逐渐应用到土木工程领域。土木工程材料从早期的追求材料的高强度，已逐渐转变为追求材料的高性能，各种新型材料与传统土木工程材料的结合层出不穷。近年来，碳纤维的应用是土木工程领域中的一个重大突破，纤维加强材料(FRP)的研究不断取得进展。高性能混凝土已经开始广泛用于重点工程建设，590 $N/mm^2$级钢已在日本东京六本木 MORI 塔的建造中有了实际工程应用。形状记忆合金具有极高的回复应力与回复变形，已经在抗震领域崭露头角。超高性能混凝土因其高强度、类金属的韧性以及低孔隙率而引起工程界的密切关注。

3. 向地下、天空发展

随着经济的发展以及人口的增多，居住用地的紧张将进一步加剧，通过兴建高层住宅是解决这一问题的可行途径，此外利用地下空间兴建住宅在有的国家已经开始尝试。隧道及地下工程以其基本不占用地面土地资源的突出优势，在当今面临“人口增长、资源短缺、环境恶化”的三大挑战中发挥着越来越重要的作用，其应用越来越广泛，正所谓“人地有戏”。地下建筑对于抗灾与建筑节能有着天然的优势，此外对于降低人口密度、缓解交通压力并形成立体化交通系统具有重要意义。地下空间的利用开发将掀起一股新的热潮，将 21 世纪视为“地下的世纪”也并不为过。2011 年，据美国《新闻周刊》发表的数据统计，全球 200 m 以上的建筑为 634 座，其中我国有 200 多座。我国已经成为超过 200 m 以上建筑最多的国家，逐渐成为世界超高层建筑的聚集区。

## 2.2 土木行业分析

目前，中国的经济正处于高速发展时期，城市建设、道路、桥梁、轨道交通等基础设施建设等的就业人数已超过 4 000 万人。土木工程专业以及相关专业的学生就业机会多、范围广，供职于政府机关、教育机构、设计院、研究院、建设单位、施工单位、房地产开发企业等单位。每个工作都有不同的专业要求，尤其是国家引入职业注册考试制度以来，建筑市场日益完善，只有拿到相应的注册证书，才真正拥有执业资格。

总体来说，土木工程相关专业毕业生的主要就业方向有以下几种：第一，就业方向是施工技术及施工管理，职业方向为施工员、技术经理、项目经理、项目总负责人，其注册方向是建造师；第二，就业方向是设计院，职业方向为助理工程师、工程师、高级工程师等，注册方向主要是结构工程师、土木工程师等；第三，就业方向是项目管理及工程造价，职业方向为预算员、预算工程师、高级咨询师，注册方向是造价师、注册估价师；第四，就业方向是监理，职业方向为监理员、监理工程师、总监理工程师，注册方向是注册监理工程师。

建筑施工现场关键技术岗位有：施工员，质量员，安全员，标准员，材料员，机械员，劳务员，资料员。下面作简要介绍。

1. 施工员

施工员的职责主要有:负责施工作业班组的技术交底;参与制定并调整施工进度计划、施工资源需求计划,编制施工作业计划;参与做好施工现场组织协调工作,合理调配生产资源;落实施工作业计划;参与现场经济技术签证、成本控制及成本核算;负责施工作业的质量、环境与职业健康安全过程控制,参与隐蔽工程、分项工程、分部工程和单位工程的质量验收;负责编写施工日志、施工记录等相关施工资料;负责汇总、整理和移交施工资料。

2. 质量员

质量员的职责主要有:负责各工序的质量控制和检查记录及确认工作;负责作业指导书、生产工艺的落实、检查和监督工作;负责原材料和原辅料的质量验收工作;负责成品及半成品的出厂质量检验工作。

3. 安全员

安全员的职责主要有:协助项目经理及技术负责人对本工程的安全管理,对施工现场出现的安全问题负主要责任;认真检查督促施工现场安全生产的劳动保护及各项安全规定的落实;负责本工程的常规安全检查活动,并做好检查记录,协助落实奖惩措施,对违章现象进行制止,对一般事故做出处理和记录;对进入施工现场的新工人进行安全教育及日常生产的安全教育工作。

4. 标准员

标准员的职责主要有:负责确定工程项目应执行的工程建设标准,编列标准强制性条文,并配置标准有效版本;参与制定质量安全技术标准落实措施及管理制度;负责组织工程建设标准的宣贯和培训;参与施工图会审,确认执行标准的有效性;参与编制施工组织设计、专项施工方案、施工质量计划、职业健康安全与环境计划,确认执行标准的有效性;负责建设标准实施交底;参与工程质量、安全事故调查,分析标准执行中的问题。

5. 材料员

材料员的职责主要有:根据项目施工进度计划,编制项目材料采购计划;保证材料质量,建立有关记录,做好材料的验证工作,并把好材料验收关,做好记录,不合格材料不准进场;合理安排材料的堆放,做好标识,确保材料堆放整齐、标识明确。

6. 机械员

机械员的职责主要有:参与制定施工机械设备使用计划,负责制定维护保养计划;参与制定施工机械设备管理制度;参与施工总平面布置及机械设备的采购或租赁;参与施工机械设备的检查验收和安全技术交底,负责特种设备使用备案、登记;负责监督检查施工机械设备的使用和维护保养;负责落实施工机械设备安全防护和环境保护措施;参与施工机械设备事故调查、分析和处理。

7. 劳务员

劳务员的职责主要有:参与制定劳务管理计划;参与组建项目劳务管理机构和制定劳务管理制度;参与组织劳务人员培训;负责或监督劳务人员进出场及用工管理;负责劳务结算资料的收集整理,参与劳务费的结算;参与调解、处理劳务纠纷和工伤事故的善后工作。

8. 资料员

资料员的职责主要有:参与制定施工资料管理计划;参与建立施工资料管理规章制度;负责施工资料的收集、审查及整理;负责施工资料的往来传递、追溯及借阅管理;负责提供管理数据、信息资料;负责施工资料的立卷、归档;负责施工资料的验收与移交。

# 2.3 中职土木岗位能力分析和能力要求分析

## 2.3.1 土木工程专业职业岗位现状

土木工程专业中等技能人才的培养，离不开土木行业对职业及其岗位能力的要求，在了解了土木工程行业的现状后，我们必须对土木行业的职业及其岗位能力的要求有一个全面而清楚的了解。下面就土木工程专业中等技能人才的职业及其岗位能力要求进行分析。在对土木工程专业毕业生调查中发现，大量毕业生成为管理干部、工程技术人员、施工现场管理人员、一线操作技术工人，当然也有部分毕业生成为内业文书或其他人员等，所占比例分别如图 2-1 所示。

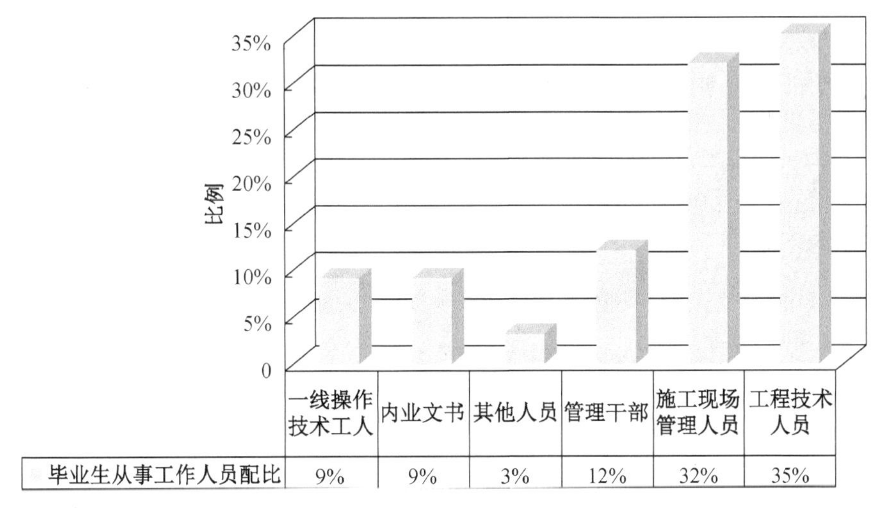


图 2-1　土木工程专业学生从事工作调查统计

在岗位群调查中发现，中等职业学校土木工程专业学生适应的岗位群主要为施工员、资料员、测量工、材料员、质检员、造价员、安全员，也就是通常所说的“七大员”，所占比例为87.5%，同时还有试验工、绘图员、监理员、养护工岗位，以及市政一线的钢筋工(翻样)、送样工等，所占比例如图 2-2 所示。

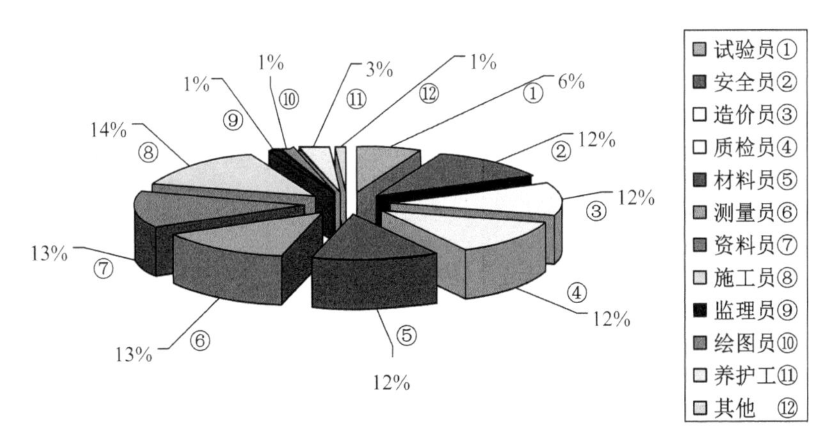


图 2-2　调查对象工作岗位统计

目前，在土木行业普通工种中大量使用民工的情况下，土木工程专业中等职业学校学生毕业后基本从事土木行业第一线的施工技术和施工现场管理相应的岗位群，而且随着国家对企业施工资质要求的进一步提高以及就业准入制度的逐步实施，有一定数量的中职毕业生逐步成为技能型人才。

### 2.3.2 土木工程专业职业能力要求

由于各职业岗位群所从事的岗位工作不同，其对应的岗位技能也随之发生了很大变化。

通过调查，对不同岗位的人员应具备的职业岗位技能进行了全面了解，具体如表2-1所示。在土木工程施工的技术管理工作以及有关技术工种的岗位技能中，有的技能是应具备的通用能力，如能识读工程施工图，因为工程施工图是工程技术人员相互交流的工具，只有在正确识读了工程施工图后，才能正确地指导施工和进行工程建设。而有的技能是不同岗位所特有的，每个岗位在土木工程建设中承担着不同的工作职责，大家相互配合、相互协助共同完成一个工程项目的建设任务。作为一个应用型技能人才，尚应具备其他一些职业能力，如表达能力、创新能力等，它是在职业活动中表现出来的能力的综合。

表2-1 各工作岗位群职业技能调查表

| 序号 | 工作岗位 | 岗位技能 |
| --- | --- | --- |
| 1 | 施工员 | 1. 能识读工程施工图；<br>2. 能编制施工组织设计；<br>3. 能运用施工操作规程指导施工；<br>4. 能进行质量安全进度控制；<br>5. 能运用质量验收标准进行验收；<br>6. 会应用材料指标和性能进行成本控制；<br>7. 会进行材料检测；<br>8. 会进行CAD绘图 |
| 2 | 测量工 | 1. 能识读工程施工图；<br>2. 能用相关规范和操作规程进行测量放样；<br>3. 能进行内业计算 |
| 3 | 材料员 | 1. 能计算工程材料用量；<br>2. 能按照工程进度编制材料供应计划；<br>3. 会运用质量管理标准进行材料管理；<br>4. 会应用材料指标和性能进行成本控制 |
| 4 | 质检员 | 1. 能识读工程施工图；<br>2. 会运用技术规程、施工规范和质量验收标准进行质量检查和验收工作；<br>3. 能分析和处理工程质量问题 |
| 5 | 安全员 | 1. 会检查设备的安全性能；<br>2. 能用相关的安全操作规程进行安全管理 |
| 6 | 绘图员 | 1. 能识读工程施工图；<br>2. 会进行CAD绘图 |
| 7 | 管道工 | 1. 会施工组织和编制施工方案；<br>2. 运用操作规程进行施工 |

在调查中发现，土木工程施工专业学生还应有其他一些综合职业能力，包括分析解决问题能力、团队协作能力、组织管理能力、表达能力、社交能力、创新能力等，其比例如图2-3所示。

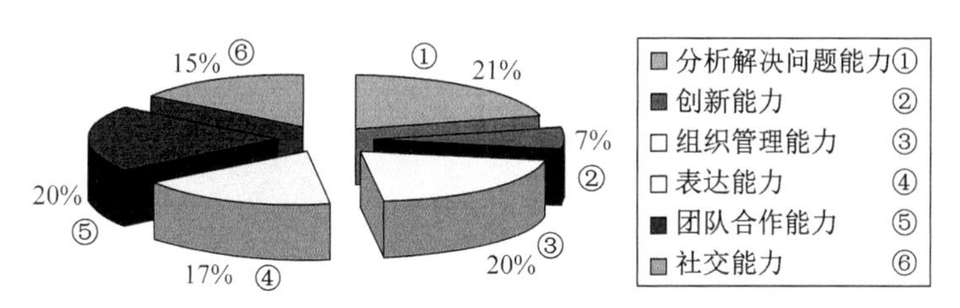

图 2-3　土木工程专业学生综合职业能力调查统计

由图 2-3 可见，职业能力包括很多方面，它可以在长期的职业实践中逐渐形成，通过自身努力可以不断地提高。而在职业学校中应通过教授学生学习文化专业知识、增强职业意识、加强专业技能训练等方法和途径来培养和提高学生的职业能力。

很多被调查者指出，目前中等职业学校学生的实习机会少、所学的理论知识与实际工作联系较少，校企联系少，造成学生实践动手能力差、怕吃苦、职业能力不强，无法做到学生毕业后就能马上顶岗工作，不能满足用人单位对人才的要求等。同时职业教育的课程设置应充分考虑学生毕业后的岗位需要，加强教学与就业需求之间的沟通，在实际环境中锻炼学生的综合职业能力，培养合格的高素质技能人才。

中等职业学校土木工程施工专业人才培养目标是面向土木工程行业，培养在生产第一线能从事土木工程施工管理、测量等初级施工管理及具备测量、试验、绘图等施工技术，具有职业生涯发展基础的中等应用型技能人才。这些人员除具有必要的理论知识和专业技能外，还需具备分析和解决问题的能力、团队协作能力、组织管理能力、表达能力、社交能力、创新能力等一系列综合职业能力。中等职业学校在培养方案中应能体现出土木工程施工专业学生各种职业能力的教育和锻炼，全面提高学生综合素质，满足土木行业的需求。

## 2.4　中职土木专业现状

经过几十年的专业建设和发展，全国设有建设类专业的中等职业学校已达 1 100 余所，独立设置的建设类中等职业学校也近 300 余所(含普通中专、成人中专、职高、技校)。随着教育改革的不断深化、教育结构的不断调整，相继有不少建设类中等职业学校在办学规模、办学层次、办学结构上也发生了较大变化，这些学校为培养我国中级土木专业技术人才发挥着巨大的作用。它已逐渐成为我国建筑技术教育的重要基地。但是，纵观土木专业建设现状，无论是课程设置、教材建设，还是实训条件、师资队伍等，都存在着许多亟待解决的问题。

### 2.4.1　课程设置

中等职业教育土木专业教学的课程设置基本上仍采用文化基础课、专业基础课和专业主干课三段式的课程体系，这种结构基本上还与高等教育相类似。在专业教学中基本上仍旧沿袭传统的教学方法，强调的是学生的知识结构和基础知识体系。在课程的联系上，偏重各课程自身的理论体系的完整而忽视相关课程彼此之间的整合和渗透。专业课程教育与就业及工作关联少，学生在课程学习过程中无法与将来的工作岗位建立联系，与行业需求脱节。虽然各个学校已加强了试验、实训的课程要求，但是由于没有设置专门化，造成课程数较多，学生课堂教学时间比重较大，实践动手训练时间较少，实训等技能课程约占总课程的 30%，这与当前企业所期望的“零距离”上岗尚有距离。

### 2.4.2 专业教材

中等职业学校土木专业教材基本上还是采用全国的统编教材，统编教材考虑全国范围的适应性，如所有教材采用的规范都是全国统一规范，在给排水与市政工程建设中很多场合采用省、市地方标准，可见专业教学所用教材不具有地方特色，从而与建筑科技的进步性、地区差异性和地区的适用性方面都存在不适应的问题，因此统编教材不能完全满足技术先进的给排水与市政专业建设人才培养的需求。从出版时间上看，由于统编等多方面原因，其滞后性突出，教材更新较慢，很多版本陈旧，使专业培养无法满足不断变化的工程技术发展的要求，如《公路桥涵设计通用规范》于2005年施行新规范，但是目前为止在所有的中职教材中没有一本是按照新规范编写的，采用的教材仍然是按1989年的规范编写的。虽然，部分课程已经编写了校本教材，但也基本是按学科体系的思路，适当增加了新技术等方面的内容，而且其数量也是少之又少。

### 2.4.3 实训条件

土木工程专业的测量放线、绘图等技能性的实训条件已相当成熟，资源充足，为专业的技能训练创造了良好的条件。但是，由于土木工程建设的工程施工、混凝土浇筑等有占地广、项目规模大、投资大、一次性和周期长(相对于教学周期而言)的特点，针对土木工程专业相关的实训条件，如建筑施工等，由于设备投资大、不能反复使用、占地大、对环境影响大等原因，实训条件很不充分，无法满足实践教学的需要，只能依靠参观、观看录像等手段，学生在学习过程中动手实操的机会几乎没有。学校虽然不断努力，希望与行业企业建立良好的校企合作关系，使学生能在企业中获得较多的实践机会，但是由于缺乏有效的机制，学生到企业去实习的机会很少，不适应技能教学和实习需要。

### 2.4.4 师资队伍建设

通过上海、武汉、南京、北京、徐州等地的中等职业学校土木工程专业师资情况的调研后发现，技能型教师比例偏低。以上海某建设类中等职业学校土木工程专业师资为例，该校土木专业教师共26人，双师型教师有20人，双师型教师占专业教师总人数的77%，从表面上看，教师的实践能力是不成问题的。但其实大部分教师的双师型只是持有双师证书，并未有过真正的实践经验，且部分确实有着实践经验的教师，由于长期从事教学工作，不再有接触实践的机会，对行业发展也逐渐疏远，更不要说那些从大学校门走进职校校门的教师，虽然他们有着高深的理论知识，但是缺乏从事第一线技能型劳动者的培养和教育，没有经过实践的锤炼，终究是心有余而力不足，带来的矛盾也更加明显。而学校又缺乏长效工作机制鼓励教师到企业实习，由于教师自身的技能欠缺，无法将先进的专业知识和技能传授给学生，制约了教学质量和教学效果的提升。

# 3 建筑技术领域职业分析

## 3.1 职业分析方法

职业分析是职业发展到一定阶段的产物。特别是大工业后,随着科学技术的发展和对职业从业人员的大量需求,职业教育的必要性突显,与之相应出现了职业分析。职业分析是职业社会学的组成部分,是职业研究科学重要的学术领域。它与劳动分析共同构成劳动科学的重要部分。在许多经济发达国家,职业分析的发展已经有近百年的历史。但是,在我国的职业和劳动科学领域,特别是在职业技术教育研究中,对职业的研究尚处于起步阶段,甚至“职业分析”这个概念,在我国的职教界还属一个陌生的术语。

通过职业分析,能对职业的发展趋势做出科学的判断。在不同的社会发展阶段,职业呈现不同的社会分工程度,随着生产力的发展,原有的职业分化与综合,旧职业消失,新职业产生,这是一个延续不断的演化过程。通过职业分析,我们能及时根据职业的发展趋势,对从事相关职业的人员做出及时调整,使经济能持续健康有序发展。

职业分析也是实现从社会职业到教学专业转换的重要环节。职业学校教育的专业设置是解决把众多的社会职业转化成为有限的学业门类,以便根据受教育者的生理、心理及体能特征,遵循教育规律,实施职业教育。经济部门的产业结构和人才结构,决定着教育的类别结构和专业结构,并要求教育的类别结构和专业结构与之相适应,为之服务,这就需要依据职业分析。

### 3.1.1 职业分析的含义

其一,职业分析是对从事某种职业所需知识、技能和态度的分析过程。对某一特定职业的特性和内容所做的多层次分析。简言之,职业分析即是通过调查研究,对职业所包含的所有工种及岗位的职责、任务、工种和岗位所要求的知识、技能和行为能力用科学的方法进行分析、研究,获得关于该职业典型特点及与相关职业共性特点的职业内容描述。它包括定性分析和定量分析两种方法,分析内容涉及职业内容、工作手段、工具、工作对象、工作条件、工作环境、材料、设备、技术和工艺、工作流程、工作规范标准和检验方法等。

其二,职业分析是将各项工作内容、任务、完成的难度、工作质量标准以及对工作者的要求等加以分析,制定出相应的标准,作为因事择人和因人择事的依据。在职业指导方面,职业分析主要用来分析各类职业对人的不同要求,包括对人的心理素质、生理素质、思想素质、知识结构、能力水平及其倾向的要求等各个方面,也包括职业特点和主要活动内容与活动方式。帮助求职者了解自己的职责范围和在整个职业活动中的地位、作用,为求职者确定从事某种职业的适合性程度提供依据。除劳动分析外,职业分析还与经济分析、社会分析有着极为紧密的联系。它为职业分类、职业结构及变迁、职业结构与社会和经济结构、就业、失业、待业、职业咨询、职业教育及培训、职业分析和伦理问题等职业社会学的其他研究领域提供基础。

从职业教育的角度所进行的职业分析应做到以下几点:

（1）通过调查研究，对某种职业包含的工种及岗位的各项工作的性质、内容进行科学系统多层次分析研究。

（2）分析的内容应包括该职业的主要职责、工作（服务）对象、工作环境、使用的工具与设备、材料、技术与工艺、生产流程（服务程序）、工作规范或标准，检验方法，劳动组织形式，等等。

（3）综合归纳从事该种职业应具备的技能、知识结构和行为方式的基本要求。

（4）形成适应社会进步和经济发展需要的、具有确定培养目标的、遵循教育规律的职业教育的学业门类。

职业分析是职业教育与职业的关系研究中一项重要的基础工程。它是职业教育现代化的客观要求。众所周知，决定社会生产最主要、最活跃的因素是人力资本。衡量人力资本优劣的主要尺度是劳动者素质，劳动者素质提高的主要渠道是教育，特别是各个层次的职业教育和技术培训。在社会生产活动中，无论是第一产业、第二产业还是第三产业，对从事职业活动的劳动者都提出了各种客观能力结构的要求。而职业教育的任务就是要使接受职业教育的劳动者所具备的素质能满足职业岗位的客观要求。通过职业教育所获得能力是否适应科学技术日新月异导致的新需求，则靠职业教育者迅速做出适应性的调整。职业教育改革的科学依据来源于对新技术、新材料、新工艺的采用，劳动组织的发展和劳动力市场的变化，简言之，来源于职业分析。

职业工作系统和职业教育系统的要求以及合作和社会交往的要求，都促使人们更加关注工作过程。这是由于通过经验性社会调查（如专家访谈）所得到的工作岗位适应技术变化的要求，形成了对职业工作系统的要求，进一步与职业教育系统融合，成为确定职业教育需求的基础（图 3-1）①。

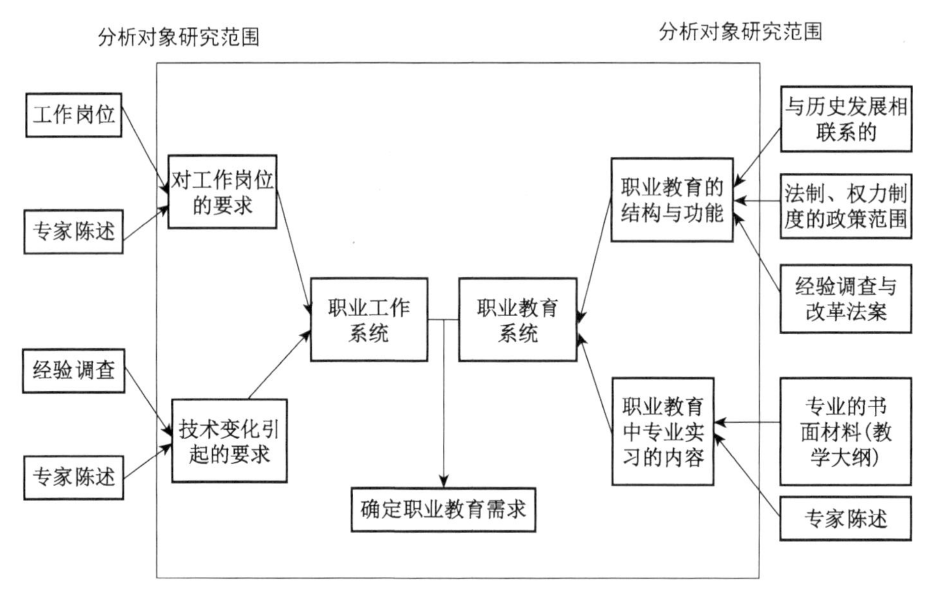


图 3-1　职业工作系统和职业教育系统的形成

通过教育和培训所获得的素质结构是否与职业客观要求的素质结构相适应，是现代职业教育学家应该经常思考的问题。特别是在科学技术日新月异的今天，新技术、新材料、新工艺

① Sonntag K. Arbeitsanalyse und Technikgestaltung[M]. Koenl, 1987.

的运用，劳动组织、生产管理的不断革新，对劳动者的知识和技能要求不断变化，这就要求现代的教育和培训迅速做出适应性变化。教育和培训变革的依据和科学基础来源于对市场的分析，对技术、工艺、材料发展的分析以及对社会变化的分析，归根结底来源于对职业的分析。

### 3.1.2 职业分析的基本方法

职业研究是职业社会学的重要内容，职业分析则是职业研究科学重要的学术领域。这里简单地介绍一下职业研究的方法。

1. 观察法

观察法是研究者按照预定的目的和计划，在被研究的对象处于自然条件下，对其进行直接、系统、连续的观察，收集感性资料并做出准确、具体、详尽的记录，通过分析资料获得结论的一种研究方法。除肉眼观察外还可借助录像、录音机等视听工具。观察的具体步骤为：

(1) 事先做充分准备。先对观察的对象有一般的了解，然后根据研究的任务、研究对象的特点，确定观察的目的、内容和重点，制定可行的观察计划。

(2) 按计划进行实际观察，但也不排除必要时改变计划、随机应变。在观察中研究者要亲自做详细的笔记，及时记下重点，不要光靠事后回忆。

(3) 及时整理材料，删去错误的材料，对正确的、分散的材料进行汇总加工，对典型材料进行分析。要注意对观察的对象不能给予人为的干扰，在观察中要客观地进行记录，以便于日后分析整理。

2. 调查法

调查法是研究者有计划地通过亲自接触、广泛地了解来掌握大量的第一手材料，在此基础上进行分析、综合，找出科学结论的一种方法。采用调查法一般是在自然的过程中进行，通过访问、发调查问卷、开座谈会、测验等方式收集材料。具体步骤是：

(1) 准备。首先要选定调查对象，了解其基本情况，确定调查范围，研究有关理论和资料，拟订调查计划、表格、问卷、谈话提纲等，规划调查的程序和方法。

(2) 按计划进行调查。通过各种手段进行调查，必要时可根据实际情况调整调查计划。

(3) 整理材料。包括分类、统计、分析、综合，写出调查研究报告。

3. 实验法

实验法是在人工控制的条件下，有目的有计划地逐次变化条件，根据观察、记录、测定与此相伴随的现象的变化来确定条件与现象因果关系的方法。实验法可分为实验室实验法和自然实验法，职业研究实验多采用自然实验法进行。两种实验法都要保证受实验者处在正常状态中。实验一般有三种方法，即单组法、等组法、循环法。实验法进行的步骤是：

(1) 决定实验立项、组织形式，拟定实验计划。

(2) 创造实验条件，准备实验工具。

(3) 实验的进行。在实验过程中要做精确而详尽的记录，在各阶段要做精确的测验，为排除偶然性可反复试验多次。

(4) 处理实验结果。要考虑各种因素的作用，力求排除偶然因素，慎重地核对结论。

4. 文献法

通过阅读有关图书、资料和文件全面准确地掌握要研究的问题情况。查阅的文献必须准确，必须鉴别其真伪。文献法的步骤是：

(1) 搜集与研究与问题有关的文献，然后从中选择可用的材料，分别按照适当的顺序阅读。

(2) 详细阅读。边阅读边摘录边立大纲。

(3) 根据大纲将所摘录的材料分条组织。

(4) 分析研究所收集的材料写成报告。需要注意的是,在查阅文献前,对所要研究的问题做好有关知识的准备,否则难以从材料的分析中得出正确结论。

5. 比较法

比较法是对某些职业现象在不同时期、不同社会制度、不同地点、不同情况下的不同表现进行比较研究,以揭示职业发展的普遍规律及其特殊表现。具体步骤是:

(1) 描述。要把所要比较的事物的外部特征加以准确、客观描述,为进一步分析、比较提供必要的材料。

(2) 整理。整理收集到的有关资料。如做出统计材料,进行解释、分析、评定,设立比较的标准。

(3) 比较。对所收集的资料进行比较、对照,找出异同和差距,提出合理化运用的意见。

### 3.1.3 工作/职业分析中调研的几个方面

1. 基本内容

(1) 如何并以何种形式认识工作过程内含的功能关系并加以利用?

(2) 如何并以何种形式认识工作对象中的行动、工作关系中对象的功能及其社会应用之间的关系?

(3) 如何并以何种形式认识和评价某企业工作的效果?

(4) 如何并以何种形式来描述工作过程,从而使之用于组织学习?

(5) 如何理清、利用并评价劳动中的社会关系?

(6) 如何描述学习型工作过程中所要求的复合程度及其结构?

(7) 以何种形式使学习型工作过程成为人们开拓独立性以及可塑性的成才途径?

(8) 是否应掌握一种有用的理论来解释所经历的现实,以及如何解答随之而来的问题并为应用系统的教育服务?

(9) 如何认识和反映学习型工作过程的计划性,如何引导行动的结果并独立处理必要的信息资料。

(10) 如何使学习型工作过程融入多样化的社会问题解决形式之中,并确保不出现个别的无效学习?

(11) 工作和社会范围概念的归类是否应以工作关系作为依据,这种依据能否从学习型工作经验中获得?

2. 调查对象

1) 信息接收与信息处理

(1) 工作信息的来源,例如工作指令、检测仪器、口头交流、触摸感受。

(2) 感觉与认识的过程,例如外表特征的感官判断,典型噪声的认识,对声音的区分。

(3) 功能、能力判断,例如对速度、重量、时间长短等的估计。

(4) 思考与决定的过程,例如在解决问题时结论性的思考水平。

(5) 对获得信息的利用,例如所要求的普通学校教育水平,必要的获得职业经验的周期、所需的时间,所要求的具备数学知识且能够灵活运用的能力范围等。

2）工作的实施

（1）工具、仪器、仪表、设备的利用。

（2）手工操作的工作。

（3）运用身体各部位进行的工作。

（4）行动能力与协作能力等。

3）重要的工作关系

（1）信息交流形式。

（2）人际关系。

（3）各类联系人。

（4）指导与合作。

（5）压力/负担与冲突/争论。

（6）重要的工作联系、联络形式等。

4）环境影响与特别的工作条件

（1）外界工作条件。

（2）事故危害与劳动安全。

（3）工作的组织结构（如工作方法、工作过程、工作速度、对工作目标的影响的可能性）。

（4）责任等。

3．工作分析目标——技术工人素质调查主线

（1）技术工人需要具备哪些资格和技能才能最佳地完成其承担的工作任务？

（2）这些资格和技能从哪里得到？在工作过程中可以掌握到什么程度？工作程序及工作体系的构成对工人获取这些资格和技能的过程会有哪些积极或消极的影响（在可能的情况下）？在企业内能获得多少这些必要的资格和技能？在企业外的教育体系中又能获得多少？

（3）这些资格和技能以什么样的方式不断地发展和完善？在其发展和完善的过程中有没有显著的标志或特征？

（4）技术工人需要具备哪些能力，才能参加对自身工作环境的塑造以及参与企业的发展过程？

4．企业结构调查主线

方法：访谈法。

（1）您的企业经营范围有哪些？如何发展到现在这一规模的，对今后近期内的发展前景如何看待？

关键词：建立过程，生产任务的变化，员工质量和数量上的发展，企业所有者的家庭成员在企业中的情况，技术装备，工作岗位，扩充的可能性，发展的问题等。

（2）企业所承担的客户委托有哪些类型？加工强度有多大，通过车间装备和员工培训能获得多大程度的生产能力，工作由谁来组织？

关键词：加工能力的界限，与车间的友好合作，客户对维修质量的期望，企业的工作目标，客户谈话，初步鉴定和预算，将客户委托任务列入工作任务，新增加的劳动分工，科室/车间的位置平衡，信息源，鉴定/测量仪器，工具归类整理等。

（3）企业可达到何种技术复合程度，如何使之适应新的要求？

关键词：源于工业发展的新产品形象，经验知识的贬值，必备能力的掌握，新工具和器械的

购置，必要的信息来源等。

(4) 员工结构是如何组建的，为他们提供了哪些发展的可能性？

关键词：等级层次，资格训练，见习，进修，专门化，技术要求，产品信息来源，人员的流动与新增等。

(5) 您是否认为一项合格的培训是必要的和可能的，培训中的问题在哪里，您的经验是什么，它是否已运用在您的企业培训中？

关键词：员工的培训和进修，培训经验，培训方法，对能力构成的评价，潜在的培训位置，培训与劳动的联系，理论与实践的关系，教师/培训者的能力。

5. 工作过程调查主线

方法：访谈法。

(1) 客户委托的任务是由谁、以何种形式接受的，入口鉴定由谁负责，服务由谁提供？

关键词：委托承接，文件记录，鉴定的详细分级，鉴定工具的使用，加工时间的预算，备件费用等。

(2) 任务书和必要的工作信息资料如何移交给工人，劳动分工和工作周期由谁来确定？

关键词：工人的选择，工作任务书的形式，附加的说明，资料的来源和选择，所给资料的范围，工作步骤的顺序，时间进度等。

(3) 学习鉴定以何种形式进行，工作的范围和质量由谁决定，技术性问题如何解决？

关键词：参与者和决策者，附加的鉴定工具，备件的购置，顾客的反馈，交由外厂承担的部分任务的分配，运输工具的使用时间，工人之间的合作等。

(4) 在您的企业中工具、器材和资料是如何提供给人们使用的？

关键词：鉴定工具的使用，公用工具储备架和个人工具箱，专用工具的来源，工作过程中所必需资料的来源等。

(5) 工作结束后如何进行记录，如何组织移交给其他工人和顾客以及如何实施质量管理？

关键词：参与者，过程，质量鉴定，工作证明，客户联系等。

## 3.2 职业分析的实施步骤

### 3.2.1 职业分析的三个阶段

职业分析的基点是职业岗位。职业分析应以满足职业对于劳动者应具备的素质要求为基本准则。职业分析人员应是长期从事该职业的具有本职业岗位全面工作能力：应来自职业最具有代表性的产业、行业部门和不同类型的企业。这是职业分析的关键。职业分析工作通过由10名左右的职业分析人员和2名职业教育工作者组成的职业分析小组实施。职业分析通常分为“准备阶段”“实施阶段”和“结果分析阶段”三个阶段进行，如图3-2所示。

1. 准备阶段

根据职业分析的具体研究对象界定研究范围；选定最具职业典型特征的产业部门，确定最有代表性的企业作为企业调查的对象；编制好职业分析需要的调查问卷。

2. 实施阶段

通过对企业的典型调查和调查问卷的回收、整理、归类。其中包括以下内容：①职业包括

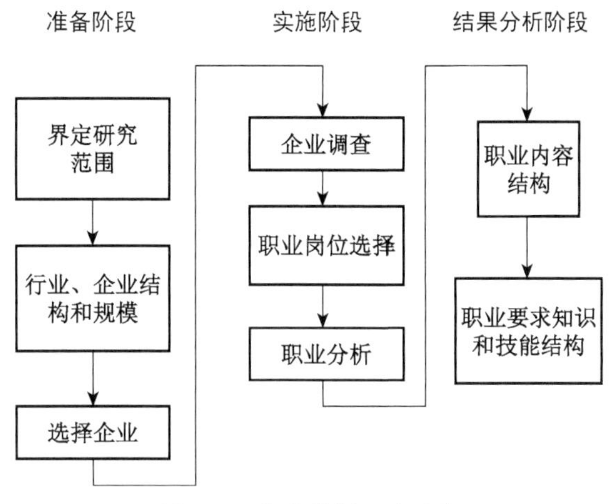


图 3-2 职业分析三个阶段

的相关工种;②职业活动的主要产品(服务项目);③职业活动的职责范围、主要任务;④职业活动所需的主要技能、基础专业知识和行为方式;⑤职业活动的(服务)对象,工具设备;⑥职业活动所需的特殊生理、心理素质要求;⑦职业活动的环境条件。

调查时应注意方式、方法,保证资料的真实性、可靠性和完整性,取得职业分析的第一手资料。调查常用的方法有:

(1) 面谈。为获得岗位的有关信息,可约见职工,调查了解其所在岗位的有关情况。通过面谈能进一步验证现有资料的真实性和可靠性,弥补其他调查方式的不足。为保证面谈的顺利进行,调查人员应拟定调查提纲,采取适当的发问顺序,并注意尊重调查人,创造良好的环境氛围。

(2) 现场观测。即调查者直接到工作现场进行观察和测定,应注意多提几个为什么,并注意不要干扰职工的正常工作,同时尽量选择多所场地进行同类岗位的观察。

(3) 书面调查。即利用调查表进行调查,调查的可靠性依赖于调查表的科学性和被调查者的主观认识,具有一定的局限性。

3. 结果分析阶段

根据循序渐进、由简单到复杂的原则,将应具备的技能及与之相应的基本技术基础知识、行为方式等分类排序;按照职业活动所运用的技能、专业技术基础知识的使用频率次数、确定出各个技能、专业技术基础知识等在职业活动中的重要程度;对于同时分析的若干职业活动,按照职业活动中运用的技能、专业技术基础知识的相同程度或重叠度,确定职业之间的类似程度;对于因科技进步,劳动生产组织的变化而出现的新兴社会分工,需根据其使用技能、专业技术基础知识与现有职业活动的相对特殊性与独立性,进行职业内涵的比较分析,以确立新的职业。

### 3.2.2 调研结果分析

从职业所要求的技能方面考虑,结果的分析可按三个层次进行。先按职业内承担任务的不同分成若干工作(工种),再分析每项工作中所包含的必需的作业(任务),然后进一步分析每一作业中所包含的技能知识点(技能),如图 3-3 所示。具体分析过程如下:

1. 工作分析

工作分析是为确定工作的性质、内容、任务、工作环境以及对承担该项工作的人员素质要

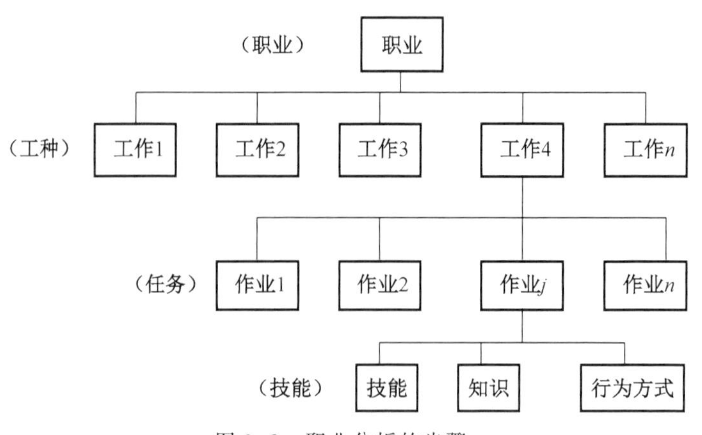


图 3-3　职业分析的步骤

求所进行的研究分析活动，剖析某项工作的特点，详细、具体并系统地列出其职位、业务范围和所需的知识和操作技能。

加拿大社区学院采用的以职业能力为基础的 CBE(Competency-Based Education)职业教育体系中的课程开发 DACUM(Developing A Curriculum)就是以产业职业岗位的需求，通过职业分析确定综合能力(技能与知识及其频率与复杂程度、工具与设备、工作态度、安全操作规程等)的实例之一。

如焊接技工这一职业，经研究分解为基础操作技能、气焊、电弧焊、气体保护焊、高级焊接工艺、绘制草图并解释图纸等六项工作，如图 3-4 所示。

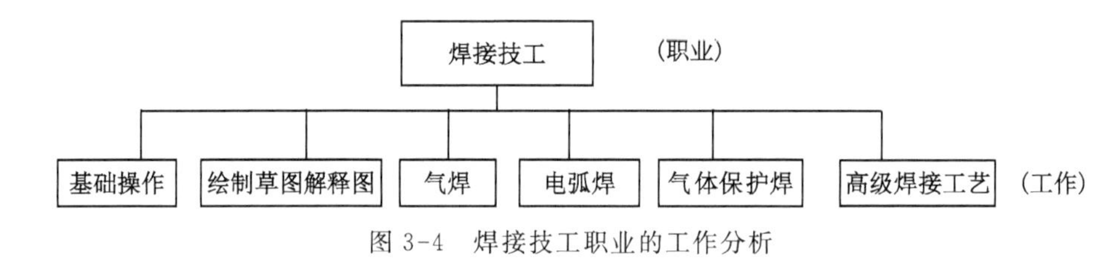


图 3-4　焊接技工职业的工作分析

2. 作业分析

作业分析是对完成某一项特定工作必需的作业(或任务)进行的程序分析。其过程包括对构成该项工作的诸项作业分解，再将构成作业的诸单元操作一一分析过滤，进行删除、合并、重排、简单等处理，同时优化相关因素(如材料、工作对象、使用的工具与设备，工作环境)并按每项作业的重复率和难易程度给予标记。在此基础上分析每项作业所需具备的技能、知识和行为方式及其应用频率和难易程度，如图 3-5 所示。

3. 技能知识点

对于每一作业，根据作业规程及规范要求，将涉及有关工作场所、工具与机器设备，原料及工作对象，作业方式(或操作方式)质量(产品或服务标准)、安全操作规程、能源与原材料合理利用和环境保护等的技能、知识及行为方式，逐一分类列出，称之为“技能-知识点”。其中作业中劳动者的行为方式包括：

(1) 逻辑思维能力(注意力、观察力、记忆力、想象力、思维力)。

(2) 人际交往能力和与他人合作的能力。

(3) 语言表达能力。

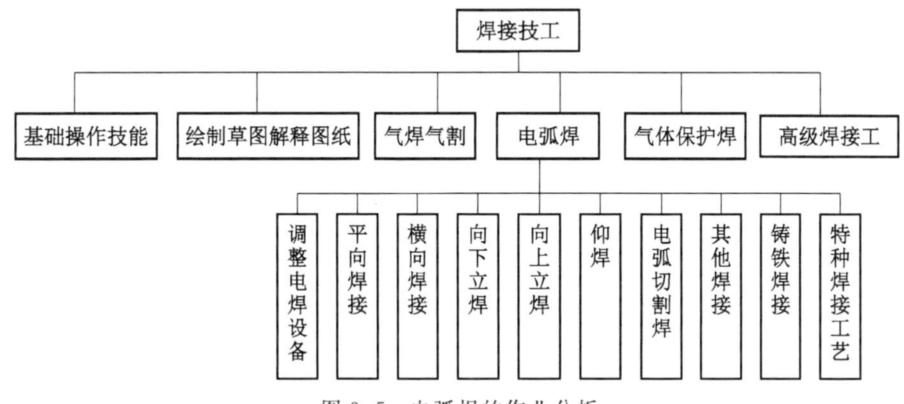


图 3-5 电弧焊的作业分析

从职业从业人员的生理角度考虑,分析结果应分析劳动的强度,即劳动者从事劳动的繁重、紧张和密集程度,主要从体力劳动强度、工时利用率、劳动姿势、劳动紧张程度、工作班务制方面来评价。由于任何劳动都要付出体力劳动,所以体力劳动强度是最重要的评价因素。体力劳动按强度由小到大可分为轻体力劳动、中等体力劳动、重强度体力劳动、很重强度体力劳动四级。

从职业活动的环境方面考虑,职业分析应考虑粉尘、高温、毒物、噪声、振动、电磁辐射等因素。劳动环境是劳动者从事生产劳动的场所和外部环境条件,通过对各种有害因素的测定和分级,可以反映岗位劳动环境条件对劳动者的劳动效率和健康的影响程度。对于不同的环境危害都有相应的分级标准,工作环境必须符合国家相关标准的规定。

### 3.2.3 工作过程分析的结构模型——“完整的行动”模式

现代心理学家已经发现,“学”和“做”,特别是人类的职业行动,是一个“完整的行动”①。近 30 年来,人类的行动成了研究的焦点并发展形成“行动调节理论”。作为人类行动的心理学理论,行动调节理论认为人的行动总是先在大脑中设立一个目标,再细分为几个子目标并建立一个粗略的计划,然后实施,通过几个连续的步骤来实现目标。换句话说,行动调节理论的核心是研究“想”和“做”之间的关系。这意味着任何实际行动都是从思想开始的,正确的行动来自正确的思想。没有目的的行为不能称之为行动。图 3-6 表明了行动、行动结构和行动能力之间的关系,并阐释了行动和学习之间的相关性②。

由图 3-4 中可以看出,人的行动开始于建立一个目标并把它细分为行动结构的子目标,对每一个子目标制定粗略的计划,并取定不同的操作步骤。行动者实施计划并进行思考,通过自身的行动能力寻求帮助知识和经验等,同时从外界获取信息。行动者利用这些能力和信息做出决定:哪一个是最好的计划?在制定计划和做出决策阶段,学会如何从外界获取信息,体验在这种情境下能够获得和应用哪些能力。

做出决策后就是实施计划,行动者按照计划对子目标和中期结果进行比较。通过比较决定是否有必要改变行动步骤乃至整个计划。在执行—实施阶段,行动者学会对行动的控制,成功的行动步骤(技能)和适当的知识在大脑形成记忆,这将强化实现目标的意志。

在行动的最后,要对结果和计划进行比较:是否考虑到了各种情况?下次应该做哪些修

① Hoepfner, H.-D.: Integrierende Lern- und Arbeitsaufgaben. IFA-Verlag GmbH Berlin, 1995.

② Hoepfner, H.-D.: Self-reliant Learning in Technical Education and Vocational Training. BoBB Berlin, Germany.

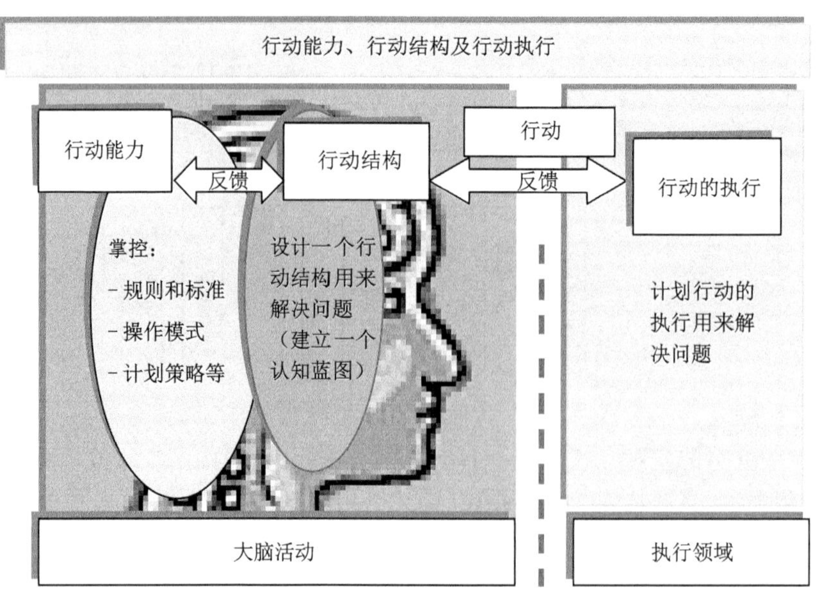


图 3-6　行动能力、行动结构及行动执行

改？是否要扩展信息的搜寻范围？哪些知识和技能得到了有效的运用？在行动执行的过程中，成功的计划和知识被储存在大脑之中，从而形成行动能力。

以上整个过程即为一个“完整的行动”。一个完整的行动及其结果意味着最终在人的大脑中以最佳方式形成“行动能力”。行动能力包括知识(Knowledge)、意志(Volition)、才干(Ability)、感觉(Feeling)四部分。职业行动可以用“完整的行动”模式来表述(图 3-7)①。

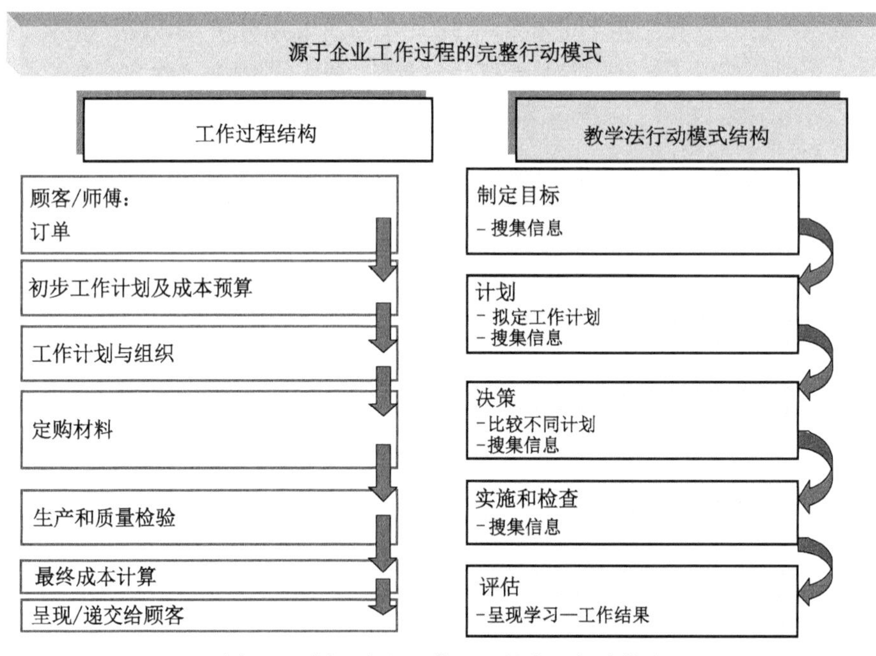


图 3-7　源于企业工作过程的完整行动模式

① Sonntag K. Arbeitsanalyse und Technikgestaltung[M]. Koenl, 1987.

亚里士多德将工作过程分为四个要素：

(1) 最终状况：工作过程的目标，有时会由其他原因而改变。

(2) 劳动对象或材料。

(3) 劳动模式或式样：是受物质材料影响的模式或式样。

(4) 动因，方法，工具。

在职业科学领域，工作过程涵盖四个要素：

(1) 工作目标。

(2) 工作对象。

(3) 工具或劳动方法。

(4) 受工作对象影响的工作模式。

工作模式及工作方法受工作对象的影响。

工作目标确定了对工作过程其他要素的要求。例如，某木工计划制作一艘船的方向盘，舵手认可方向盘的形状以及对坚固性的要求；接着木工完成一张详图，选择了适合的木料，选用了相应的工具（刨子、锉刀、锯子等）并安排了合理的工序（首先制作把手、轮子和轮辐等部件，然后进行组装。该木工作为实现工作目标的执行者，指挥并检查了工作过程的各要素。

在企业中，技术工人获得一个任务委托后，需要明确具体的工作任务和目标，确定并对具体任务做主观的综合性归纳，对任务实施进行规划，充分运用逻辑的工作过程要素，包括目标、工具及辅助方式、工作对象和工作方法，来完成任务（图 3-8）①。

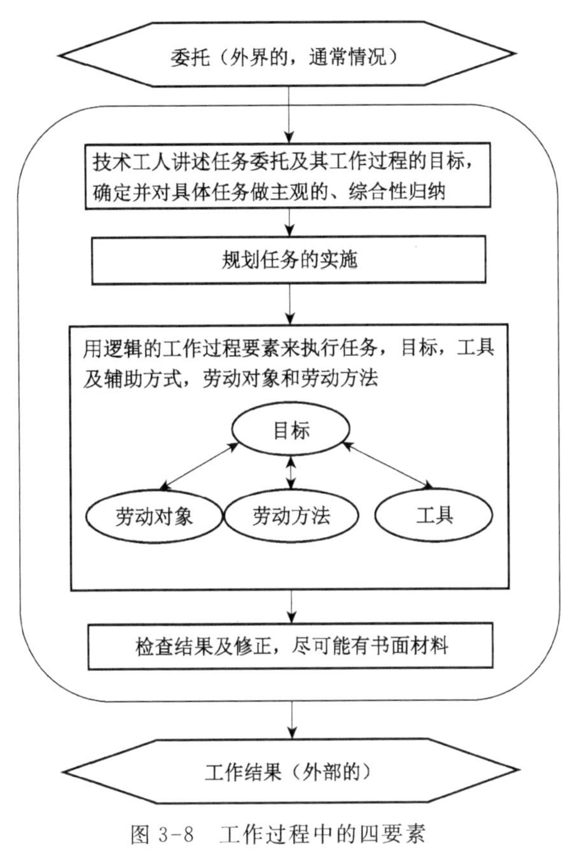


图 3-8　工作过程中的四要素

## 3.3　职业群的确立

职业群是指基础知识（文化基础知识和专业技术基础知识）相同，基本操作技能相通，工作内容、社会作用以及从业者所应具备的素质接近若干职业构成了“职业群”。

对于若干职业进行职业分析后，获得若干组相应的“技能-知识点”。将要研究的每一个社会职业相应的“技能-知识点”置于一个以社会职业岗位为横坐标，以所有“技能-知识点”为纵坐标的体系中去，如图 3-9 所示。由于 $a_1$，$a_2$，…，$a_n$ 这 $n$ 个职业岗位的技能-知识点重合度比较高，这 $n$ 个职业构成了一个职业群 A；$b_1$、$b_2$ 这两个职业，由于技能-知识点重合度也高，也构成一个职业群 B，只是职业群的范围小；相对而言，C 职业独立存在。

职业群 A，B 的“技能—知识点”横向分层可以发现它们是由若干个相近的职业岗位组成，

① Sonntag K. Arbeitsanalyse und Technikgestaltung[M]. Koenl，1987.

其纵向分层可以呈现职业群中的若干职业具有相同的文化教育起点和相同的专业技术基础知识，相同的基本操作技能……。到此，已经可以从社会职业 $a_1, a_2, \cdots, a_n$ 归纳出职业群 A，其相应的职业学校教育的学业门类，即专业就综合出来了，如图 3－10 所示。

将专业 A′，专业 B′，专业 C′相比较可知，一些专业覆盖面、业务范围较宽，如专业 A′；有的专业业务范围较窄，专业覆盖面较窄，如专业 B′；而少数专业则仅针对单一的职业（假定为牙科技师），其职业与专业 C′是一一对应的。

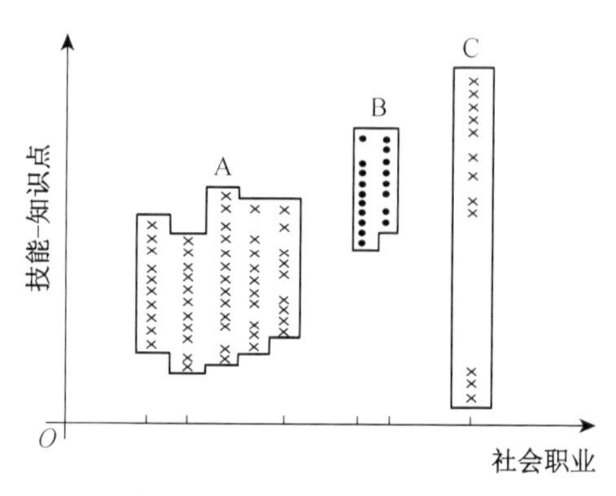


图 3-9　技能—知识点分析

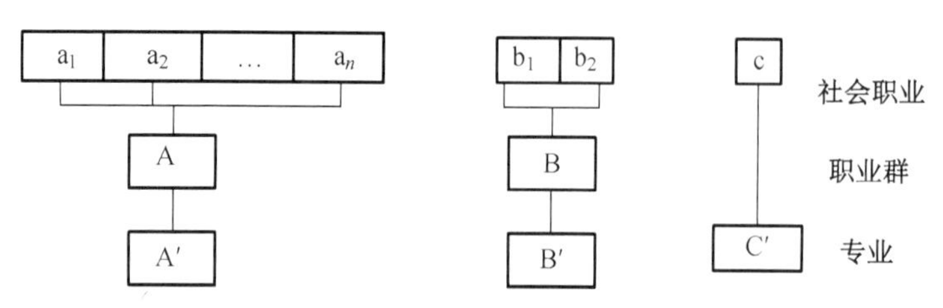


图 3-10　职业与专业的关系

综上所述，在专业设置上应形成一些专业方向明确、基础宽厚、专业覆盖面较大的专业，以适应较大范围的职业分工、便于学生就业时能从较宽的职业范围选择职业，也便于尽快适应职业结构调整，从一个职业转换到另一相近的职业。

## 3.4　建筑技术职业分析

### 3.4.1　建筑施工的特点

建筑业是国民经济中一个独立的物质生产部门，是我国国民经济中的一个支柱产业，它担负着当前国家经济发展与工程建设的重大任务。建筑施工与安装是工程建设的重要组成部分，是在工程建设中历时最长，耗用物资、财力及劳动力最多的一个阶段。建筑施工活动有以下特点。

（1）周期长。完成一个建筑产品或建设项目需要投入大量劳动力、材料、机械等，少则几个月，多则几年才能完成，这就必须事先充分调查研究，拟定施工方案，采取有效的技术和组织措施，做出周密的计算和安排，尽可能缩短施工的周期，使建筑产品尽早交付生产或使用，从而早日发挥投资的经济效益。

（2）流动性大。因为建筑施工的产品是固定地点建造，不能移动，因此建造建筑产品的施工队伍、机械设备、材料，必须随产品的建造地点而流动。当完成一项建设项目后，施工队伍又向新的施工点转移，因此，建筑施工流动是显著特点之一。

（3）条件复杂、协作单位多。因为建筑施工大都是露天作业，受自然条件影响很大，施工环节多，生产程序复杂，每一项工程都需要建设单位、设计单位、施工单位、设备安装单位等密切配合，甚至还与环境、规划、土地管理等部门密切联系，需要材料供应、机械运输等单位通力协作。所以，必须统一指挥、运筹全局、协调行动，才能使建筑施工顺利进行。

（4）产品的多样性和地区性。因为建设工程都是根据其功能和条件进行设计的，从而形成了产品的多样性和地区性。建设工程选址不同，就必然会受到该地区技术经济条件的影响，这就需要对该地区相关条件进行调查分析，从而做出因地制宜的安排。因此，需要不同的设计文件，不同的设备材料。不同的地区可采取不同的施工组织和施工方法。

### 3.4.2 建筑施工工作过程

建筑施工活动应遵循一定的顺序，即施工程序。施工程序是指工程建设项目在整个施工过程中各项工作必须遵循的先后顺序。它是多年来施工实践经验的总结，也反映了施工过程中必须遵循的客观施工规律。

1. 建筑施工过程的几个概念

（1）单项工程：建设项目的组成部分，具有独立的设计文件，竣工后能单独发挥设计所规定的生产能力或效益。也有称为工程项目。如工厂中的生产车间、办公楼、住宅；学校中的教学楼、食堂、宿舍等，它是基建项目的组成部分。

（2）单位工程：具有单独设计和独立施工条件，不能独立发挥生产能力或效益的工程，它是单项工程的组成部分。如生产车间这个单项工程是由厂房建筑工程和机械设备安装工程等单位工程组成。建筑工程还可以细分为一般土建工程、水暖卫工程、电气照明工程和工业管道工程等单位工程。

（3）分部工程：单位工程的组成部分，分部工程一般是按单位工程的结构形式、工程部位、构件性质、使用材料、设备种类等的不同而划分的工程项目。例如一般工业与民用建筑工程的分部工程包括：地基与基础工程、主体结构工程、装饰装修工程、屋面工程、给排水及采暖工程、电气工程、智能建筑工程、通风与空调工程、电梯工程。

（4）分项工程：指分部工程的组成部分，是施工图预算中最基本的计算单位。它是按照不同的施工方法、不同材料的不同规格等，将分部工程进一步划分的。例如，钢筋混凝土分部工程可分为捣制和预制两种分项工程。

2. 施工工作过程

施工工作过程，即施工程序，从承接施工任务开始到竣工验收为止，大致分为下述五个步骤：

1）承接施工任务，签订施工合同

施工单位承接施工任务方式有：国家或上级主管部门正式下达的工程任务；接受建设单位邀请而承接的任务；通过投标，施工单位中标以后承接的工程任务。不论通过何种方式承接的施工任务，施工单位都要检查该项基本建设是否有经上级批准的正式文件，是否列入基本建设年度计划，投资是否落实等。若文件和投资均正式批准，施工单位与建设单位应签订工程经济承包合同。合同主要规定承包范围内容、工期、质量、造价等以及双方应承担的技术经济责任，经双方负责人签字盖章后具有法律效力。

2）全面统筹安排，做好施工规划

一个大中型建设项目，当初步设计批准后，签订了施工合同，施工单位应全面了解工程性质、规模、特点、工期等并进行各种技术经济调整，收集有关资料，全面考虑工程总的施工方案、总进度安排、施工现场总的规划方案、施工总的各项准备工作等，全面部署、统筹安排，编制施工组织总设计。当施工组织总设计经批准后，施工单位应组织施工先遣人员进入施工现场，与建设单位密切配合，共同做好施工总的全局性准备工作，为开工创造条件。

3）落实施工准备，提出开工报告

根据施工组织总设计的要求，对第一期施工的各单项（单位）工程，应抓紧落实各项施工准备工作，如会审图纸，编制单位工程施工组织设计，编制施工图预算，办理质量监督手续，进行劳动力、材料、构件、施工机械等准备工作，待具备开工条件以后，提出开工报告，经审查批准后即可正式开工。

4）精心组织施工，加强各项管理

一个建设项目，从整个施工现场的全局来说，一般应坚持先全面后个别、先整体后局部、先场外后场内、先地下后地上的施工步骤；对一个单项单位工程施工来说，要遵守先地下后地上，先土建后安装，先主体后围护，先结构后装饰的施工原则。同时应加强施工过程中的技术、材料、质量、安全等管理工作，落实施工单位内部承包的技术经济责任制，严格执行各项技术、质量检验制度，抓紧工程收尾和竣工。

5）进行工程验收，交付生产使用

一个单项单位工程竣工后，施工单位应在内部自查预先验收合格后，然后将验评资料与工程技术档案资料送交当地质量监督站核验，建设单位组织施工单位、设计单位、质验站等有关单位参加对整个竣工项目进行验收，验收合格后即可办理工程交接手续。根据国家颁布的《建筑工程质量监督条例》规定，未经质量监督站检验合格的工程，不得申报竣工，不得交付使用，不能列入固定资产。因此，当工程验收时，质量监督站必须派质检员到现场参加，在竣工核验单上签字盖章。

### 3.4.3 建筑施工的工作内容

建筑施工活动大致可分为三个阶段：建筑施工的准备工作阶段、建筑施工阶段和施工完成后的竣工验收阶段。

1. *施工准备工作*

建设项目施工前的准备工作是保证工程施工与安装顺利进行的重要环节，它直接影响工程建设的速度、质量、生产效率以及经济效益。

施工准备工作是为各个施工环节在事前创造必需的施工条件，这些条件是根据细致的科学分析和多年积累的施工经验确定的。制定施工准备工作计划要有一定的预见性，以利于排除一切在施工中可能出现的问题。施工准备工作不是一次性的，而是分阶段进行的。开工前的准备工作比较集中并很重要，随着工程的进展，各个施工阶段、各分部分项工程及各工种施工前，也都有相应的准备工作。准备工作贯穿在整个工程建设的全过程，每个阶段都有不同的内容和要求，对各阶段的施工准备工作应指定专人负责和逐项检查。

施工准备工作有以下内容：

1）技术准备工作

技术准备工作主要包括：熟悉和审查施工图以及有关设计文件，掌握地形、地质、水文等资料，编制施工组织设计，编制施工预算。

施工组织设计的内容包括：建设项目的工程概况和施工条件，施工部署及施工方案，施工进度计划，施工总平面图，保证工程质量和安全技术措施，施工组织设计主要技术经济指标。

2）施工现场准备工作

施工现场准备工作主要包括：障碍物的拆除，三通一平，核对勘察资料，组织材料和构件进场，施工机械进场，搭设临时设施，提出配合比并试验，测量放线，新技术项目试制和试验。

“三通一平”是指在建设工程用地的范围内修筑道路，接通水源及平整场地。

3）物资与施工机械方面的准备工作

物资与施工机械方面的准备工作主要包括：组织材料、构件、机具、设备等货源；办理订购手续及采购；安排运输和储备。

当订购生产用的工业设备时，要注意交货时间与土建进度密切配合，因为某些庞大设备的安装往往要与土建施工穿插进行，如果土建全部完成封顶后，安装会有困难，故各种设备的交货时间要与安装时间密切结合，它将直接影响建设工期。

4）施工队伍的准备

施工队伍的准备主要包括：核算各工种的劳动量；配备劳动力；组织施工队伍；确定项目负责人；对特殊的工种需组织调配或培训，对职工进行工程计划、技术和安装交底。

2. 施工阶段

施工阶段是建筑施工活动中时间最长的阶段。任何一个工程项目的施工，也就是各个分部分项工程、工种在该工程中的施工顺序，它们必须有一定的客观规律。即一系列的施工活动在工程的空间和时间上的统筹安排。有的应按照次序先后衔接，有的可搭接施工，还有的相互之间要有一定时间的技术间歇等，这些都是施工的客观规律。为了缩短工期也可组织立体交叉或平行施工。此外，在工程的不同部位之间也有一个先后次序的问题，如一般是先地下后地上；先做基础，后做主体结构，再做装饰工程等。在施工时，要考虑季节的影响，使之不受季节的不利影响，如土方工程尽量避开冬、雨季，将受气候影响较小的室内施工项目安排在冬、雨季施工。

要组织好每一项工程的施工，施工管理人员和基层领导必须注意了解各种建筑材料、施工机械与设备的特性，懂得房屋及构筑物的受力特点、构造和结构，能准确无误地看懂施工图纸，并掌握各种施工方法。这样才能做好施工管理工作，才能选择最有效、最经济的方法来组织施工。

3. 竣工验收

工程项目的竣工验收是指监理工程师根据承包单位提交的竣工验收申请报告，组织业主和设计、施工等单位进行的验收工作。竣工验收又有施工项目竣工验收与建设项目竣工验收之分。工程项目的竣工验收包括工程实体和技术档案资料两个方面。工程项目竣工验收是施工活动的一个主要阶段，也是施工活动的最后一个阶段。这一阶段是工程建设向生产转移的必要环节；是全面检验工程建设是否符合设计要求和质量标准的重要环节；也是检查承包合同执行情况，促进建设项目及时投产和交付使用，发挥投资效果的主要环节。

1）竣工验收的准备工作

施工单位应做好的准备工作：及时完成收尾工程，准备竣工验收的资料，进行竣工验收前的预验收工作。

2）竣工验收的步骤

一般小型工程项目，按设计要求和甲、乙双方签订的工程合同所规定的建设内容、工期和质量要求建成后，即可由业主（监理工程师）组织承包单位和设计单位进行正式竣工验收。

对于大中型项目的竣工验收一般可分为两个阶段，即单项工程验收阶段和全部验收阶段。

3）竣工验收的依据

（1）上级主管部门批准的设计纲要、设计文件、施工图纸和说明书。

（2）设备技术说明书。

（3）招标投标文件和工程合同。

（4）图纸会审记录、设计修改鉴证和技术核定单。

（5）现行的施工技术验收标准及规范。

（6）协作单位协议。

（7）有关质保文件和技术资料。

（8）建筑安装工程统计规定。

（9）对从国外引进新技术或成套设备的项目，还应按照引进技术的国内第一商家与外商签订的合同和国外提供的设计文件等资料进行验收。

### 3.4.4 建筑施工分项工程及劳动组织

按建筑施工中各分部分项的施工内容为主线，将施工分为四大部分：地基与基础工程、主体工程、地面与屋面工程以及装饰工程。

1. 地基与基础工程

我国城市建设用地日益紧张，建筑纷纷向高层和地下发展。进行基础与地下工程施工，技术复杂，对工期造价以致安全施工有很大影响。

地基与基础工程一般包括以下施工内容。

1）大开挖基坑施工

大开挖基坑施工首先要进行地质勘察，查明基坑边坡所处的工程地质条件和水文地质条件，提出边坡开挖的最优坡形和坡角，确定边坡稳定性计算参数。其次是对基坑周边进行环境调查，查明基坑周围影响范围内的建（构）筑物的结构类型、层数、基础类型与埋深及结构现状；基坑周围地下设施（包括上、下水管线、电缆、煤气管道、热力管道、地下箱涵等）的位置、材料和接头形式；查明场地周围和邻近地区地表和地下水的分布、水位标高，距基坑距离及补给、排泄关系，对开挖的影响程度；基坑周围的道路、车流量及载重情况。然后才能进行机械操作：由于机械挖土对土的扰动较大，且不能准确地将基底挖平，容易出现超挖现象，因而要求机械操作工控制好机械挖土深度，挖至基底以上 20～30 cm 位置，最后由人工挖土至设计所要求的开挖深度。

大开挖基坑施工的工种有：爆破工、推土工、铲运机驾驶员、挖掘机驾驶员、铲运机操作工。

2）深基坑支护结构施工

深基坑支扩结构施工常见的有：钢板桩结构施工、钻孔灌注桩支护结构施工、水泥土墙施工、土钉墙支护结构施工、土层锚杆施工等。

钢板桩结构施工：钢板桩的设置位置应便于基础施工；钢板桩的平面布置形状应尽量平直整体，避免不规则的转角，以便充分利用标准钢板桩和便于设置支撑；在钢板桩施打前，应将桩尖处的凹槽底口封闭，锁口应涂油脂。

钻孔灌注桩支护结构施工：将单排悬臂灌注桩间距拉开，每隔一根桩将移后一根成三角，形成矩形型式，这种型式具有刚度大、整体水平位移小、受力分布均匀、施工简单、速度快、造价低等特点。

钢筋混凝土墙施工：采取切割搭接法施工；在高压喷射注浆施工前，应通过试喷试验，确定不同土层旋喷固结体的最小直径，高压喷射施工技术参数等；当设置插筋时，桩身插筋应在桩顶搅拌完成后及时进行。

土钉墙支护结构施工：适用于地下水低于土坡开挖段或经过降水措施后使地下水位低于开挖层的情况；土钉墙是由原位土体、设置在土体中的土钉以及坡面上的喷射混凝土三部分组成的土钉加固技术的总称，是以增强边坡土体自身稳定性的主动制约机制为基础的复位土体，有效地提高了土体整体刚度，又弥补了土体抗拉和抗剪强度低的弱点。

土层锚杆施工：程序为钻孔、安装拉杆、灌浆、养护、安装锚头、张拉锚固和挖土。

深基坑支护结构施工涉及的工种有开挖钻工、钻深灌浆工、工程凿岩工、凿岩工。

3）桩基础施工

桩基础按桩形式的不同有预制钢筋混凝土桩、灌注桩、钢管桩等。

预制桩施工方法有打击施工法、振动施工法、压入施工法、预先钻孔施工法、中心钻孔（中掘）法、射水施工法；施工程序为：了解现场情况→编制施工方案→桩堆场地平整→制桩→压桩→检测压桩对周围上体的影响→测定桩位位移情况→验收。

灌注桩按成桩方法对周围土层的扰动程度不同，一般可分为非挤灌注桩，部分挤土灌注桩和挤土灌注桩三大类。

钢管桩施工有两种方法，即先挖土后打桩和先打桩后挖土。

桩基础施工一般由打桩工完成。

4）深基础施工

深基础工程一般是指地下连续工程、沉井工程等。地下连续墙是在地面上用特殊的挖槽设备，沿着深基础开挖工程的周边，在泥浆护壁的情况下，开挖一条狭长的深槽，在槽内放置钢筋笼并浇灌水下混凝土，筑成一段钢筋混凝土墙段；其主要工序有：修筑导墙，泥浆的制备和处理，钢筋笼的制作和吊装以及水下混凝土浇灌。

沉井工程是将位于地下一定深度的建筑物基础或构筑物，先在地面以上制作，形成一个筒状结构，然后在筒内不断挖土，借助井体自重而逐步下沉，下沉到预定设计标高后，进行封底，构筑筒内底板、梁、楼板、内隔墙、顶板等构件，最终形成一个地下建筑物基础或构筑物。其施工程序为：平整场地→测量放线→开挖基坑→铺砂垫层和垫木或砌刃脚砖座→沉井制作→布设降水井点或挖排水沟、集水井→抽出垫木、挖土下沉→封底、浇筑底板混凝土→施工内隔墙、梁、楼板、顶板及辅助设施。

进行深基础施工的工种有砌筑工、混凝土工、凿岩工、开挖钻工。

5）浅基础施工

按照结构型式的不同，浅基础分刚性基础和钢筋混凝土基础两类。刚性基础是由污工材料砌筑而成，有灰土和三合土基础、毛石基础、砖基础、混凝土和毛石混凝土基础。钢筋混凝土基础有：钢筋混凝土独立基础、钢筋混凝土条形基础、片筏式钢筋混凝土基础、箱形基础、墩基础等。与刚性基础相比，具有良好的抗弯和抗剪能力，基础尺寸不受限制。

进行浅基础施工的工种有：砌筑工、石工、混凝土工、混凝土制品模具工。

2. 主体工程

1）脚手架与模板工程

脚手架是建筑施工过程中重要的辅助设施，架设于建筑物外侧或里侧，随着建筑的升高而升高，为工人从底层到高层逐步提供工作面，工人站立其上进行施工操作，在脚手架上堆放材料或进行短距离运输；常用的脚手架有扣件式钢管脚手架、门架式脚手架、桥式脚手架、悬吊脚手架、特殊类型的脚手架。

模板系统由模板和支撑两部分组成，是使结构或构件成型的模型，是钢筋混凝土工程的重要组成部分，模板按施工方法分有现场装拆式模板、固定式模板、移动式模板等。

实施脚手架与模板工程的工种有施工架子搭设人员、脚手架工、起重工、起重装饰机械操作工。

2）钢筋工程

钢筋工程的工作内容包括钢筋的检验和加工。

钢筋的检验：钢筋从钢厂发出时，应该具有出厂质量证明书或试验报告单，每捆钢筋均有标牌；进场时应分批验收，检验合格认定后方可使用；钢筋在加工过程中若发生脆断，弯曲处出现裂缝，焊接性能不良，或有机械性能显著不正常等现象时，应进行化学成分检验或其他专项检验；钢筋在运输和储存时，必须保留标牌，检验前后，都要避免锈蚀和污染。钢筋的加工：钢筋除锈、调直、切断、弯曲成型。

钢筋的冷加工：冷拉、冷拔（轧头—剥皮—拔丝）。

钢筋的连接：机械连接（锥螺纹套筒连接、套筒挤压连接），钢筋焊接（电弧焊、闪光对焊、电阴电焊、气压焊、埋弧压力焊、电渣压力焊）。现场钢筋网、骨架的制作与安装：钢筋绑扎顺序在一般情况下是有一定规律的，例如，厂房柱，一般是先绑下柱，再绑牛腿，后绑上柱；尾架，一般是先绑腹杆，再绑上、下弦，后绑结点：在框架结构中总是先绑柱，其次是主梁、次梁、边梁，最后是楼板钢筋。当然以上仅仅是一般规律，重要的是结合具体条件确定绑扎顺序。

有关钢筋的加工和钢筋骨架的制作均由钢筋工完成。

3）混凝土工程

混凝土工程的工作内容包括混凝土配合比设计、搅拌、运输、浇筑等。

混凝土配合比设计是指混凝土中各组成材料的数量及相互配合的比例关系，是确定单位体积混凝土中各组成材料（水、水泥、砂子和石子）的用量。混凝土的搅拌又称混凝土的拌制，是利用人工或机械把混凝土各组成材料（水、水泥、粗细集料等）拌和成颗粒分布均匀，相互分散的拌和物的过程。混凝土的运输过程中要保持混凝土出机时的工作性能，不因输送而离析；混凝土的浇筑过程包括布料摊平、捣实和抹面修整等工序，浇筑工作完成的好坏，对于混凝土的密实性与耐久性，结构的整体性以及构件的外形正确性都有决定性的影响，混凝土浇筑是工程施工中保证工程质量的关键性工作。

实施混凝土工程的工种有：混凝土工、混凝土制品模具工、混凝土搅拌机械操作工等。

4）构件安装工程

构件安装工程指根据建筑结构施工图，利用先进的起重运输机械设备将符合质量要求的钢筋混凝土结构构件、钢结构构件等安装就位的施工过程。安装工程中常用的起重运输机械有：塔式起重机、履带式起重机、轮胎式起重机、汽车起重机、载重汽车与拖车以及整体牵引提升机械设备等。

构件安装一般都要经历绑扎、起吊、就位、临时固定、校正和最后固定等工序。

计算机控制液压整体提升系统经过发展、改进的液压提升系统由计算机控制系统协调工作，计算机控制系统主要由千斤顶集群动作控制、吊点高差控制、提升力均衡控制、操作台实时监控制以及单吊点微调控制等部分组分。

5）钢木结构工程

钢结构构件的制作：包括零件加工、号料、下料、平直、弯曲和边缘加工、制孔。

钢结构构件的连接：是通过一定方式将各个杆件连成整体，连接方法为焊接、铆接、普通螺栓连接(A，B，C级)和高强螺栓连接等。

钢结构构件运输与安装。

6）砌体工程

砌筑砂浆：是用于砌筑砖、石、砌块等砌体的一种砂浆，按胶凝材料不同分为水泥砂浆、水泥混合砂浆、石灰砂浆。

砌砖工程：砌筑用砖系指以黏土、工业废料或其他地方资源为主要原料，以不同工艺制造的，用于砌筑承重和非承重构件的砖；技术准备：熟悉图纸，掌握砌体的标高、平面位置、几何尺寸，并据以制作皮数杆，现场放线；砖墙的立面组砌形式主要有：一顺一丁、梅花丁、三顺一丁、全顺、全丁、两平一侧。

砌石工程：石砌体的石材应质地坚实，无风化剥落和裂纹，用于清水墙、柱表面的石材，尚应色泽均匀；石块的使用要大小搭配；石材表面的泥垢、水锈等杂质，砌筑前应根据设计要求在砌筑部位放出砌体的中心线及边线，有坡度要求的砌体，应立好坡度门架；放线后，将皮数杆立于砌体的转达角处和交接处，在皮数杆之间接线、准备砌筑。

砌块工程：砌筑时，必须遵守"反砌"的原则，即砌块的底面朝上进行砌筑；砌筑时，灰缝应横平竖直，砂浆饱满水平灰缝厚度不得大于15 mm，竖向灰缝厚度不得大于20 mm，此种灰缝宜采用内外临时夹板夹住后灌实，铺灰长度一般控制在1.5 m以内。

3. 地面、屋面及防水工程

楼板层的面层和地坪的面层在构造和要求上是一致的，均属室内装修范畴，统称地面。地面是人们在日常生活、工作、生产、学习时必须接触的部分，也是建筑中直接承受荷载，经受摩擦、清扫和冲洗的部分，地面要求有足够的坚固性，面层的保温性要好，面层应具有一定的弹性，有特殊用途的地面有特殊要求。按面层所用材料和施工方式不同，常见的地面有整体类地面、镶铺类地面、粘贴类地面、涂料类地面。其涉及的工种有涂抹工、瓷砖砌块及马赛克镶细工、无缝地板工、隔热隔冷工人、面层材料加工工人、防水工人。

屋面是房屋最上层覆盖的外围护结构，其主要功能是用以抵御自然界的风霜雨雪、太阳辐射，气温变化和其他外界的不利因素，以使屋顶覆盖下的空间有一个良好的使用环境。因此，要求屋顶的构造设计时注意解决防水、保温、隔热以及隔声等问题，屋面工程施工质量的好坏，不但关系到建筑物的使用寿命，而且直接影响到生产活动和人民生活。

屋顶主要由屋面和支承结构所组成，按排水坡度的不同，一般分为坡屋顶和平屋顶：按防水材料的不同可分为卷材防水屋面、涂料防水屋面、瓦屋面、细石混凝土防水屋面(刚性防水屋面)、石棉水泥屋面、玻璃钢波形瓦屋面、薄钢板和波形薄钢板屋面、石灰炉渣屋面和表灰屋面。其涉及的工种有：瓦工、木工、桁架安装工、钢筋工、混凝土工、抹灰工、焊工、电工、防水工、干式安装工、建筑综合装饰工人、辅助工人、安全员、质检员、记录员等。

4. 装饰工程

建筑装饰概括来说，具有保护主体，改善功能和美化空间的作用，是建筑工程的一个重要组成部分。建筑物只有通过各种艺术处理后，才能赋予建筑以清新典雅、明快富丽，更能美化城乡环境，渲染生活环境，展现时代风貌，标榜民族风格，而且，优美的建筑，它所留给人们的更有一种精神上的享受。

装饰工程一般包括以下几个方面：

抹灰工程：是用灰浆涂抹在房屋建筑的墙、地、顶棚表面上的一种传统做法的装饰工程，按建筑物所使用的材料和装饰效果不同,可分为一般抹灰、砂浆装饰抹灰和石渣装饰抹灰。

门窗工程:建筑装饰工程所用的门窗,按材质可分为铝合金门窗、钢门窗、塑钢门窗、特殊门窗以及配件材料;按其功能可分为普通门窗、保温门窗、隔声门窗、防火门窗、防爆门等;按其结构可分为推拉门窗、平开门窗、弹簧门窗、自动门窗等。

吊顶工程:房屋顶棚是现代室内装饰处理的重要部位,它是围合成室内空间除墙体、地面以外的另一主要部分。它的形式有直接式(直接刷或喷浆顶棚、直接抹灰顶棚、直接粘贴顶棚)和悬吊式(活动式、隐蔽式装配吊顶、金属装饰板吊顶、开敞式吊顶),其主要工作是吊顶的安装,如龙骨安装顺序为

在墙上弹出标高线→固定吊杆→安装大龙骨→按标高线调整大龙骨→大龙骨底部弹线→固定中、小龙骨→固定异形龙骨→装横撑龙骨。

隔断工程:隔墙与隔断是用来分割房间和建筑物内部空间的,隔断包括活隔断和死隔断。

在建筑工程中,隔断工程主要是指部分隔墙的安装施工。

饰面工程:主要是指石材饰面、陶瓷饰面、玻璃饰面、金属饰面、塑料饰面、木质饰面及混凝土外墙板饰面和店面装饰工程的施工。

地面工程:主要是指水泥地面、木质地面、塑料地面、板块地面、地毯、特殊地面的铺置。

涂料工程:包括油漆和涂料的涂饰施工。

玻璃工程:内容主要是玻璃安装、玻璃栏杆的安装、玻璃幕墙的安装。

裱糊工程:可分为壁纸裱糊和墙布裱糊。

花饰工程:无机材料及有机材料花饰的安装。

伴随着经济的发展和文化生活水平的不断提高,人们更加注重室内外环境气氛与造型艺术,建筑装饰队伍也随之应运而生,并不断发展,成为一支日益壮大的新军。与装饰工程相配套的所涉及的工种有暖气安装工、给排水系统安装工、架子工、安装钳工、管道工、卫生洁具的安装工、电器安装工、通风工、空调工、筑炉工、铆工、电器调整工、电梯安装维修工、仪表安装工、机电安装工、水电安装工、铆焊工、建筑五金安装工等。

# 4 学习领域课程方案的开发

## 4.1 “学习领域”概念及主要内容

### 4.1.1 “学习领域”课程方案的起源

“学习领域”一词，是两个德文词 Lern(学习)与 Feld(田地、场地，常转译为“领域”)的组合词 Lernfeld 的意译。从强调学习的多维性来看，似乎译为“学习场”(电场、磁场的“场”)或“学习田”(田野的“田”)更确切。而“学习领域”课程方案的实施最早开始于 1993 年，德国各州文教部长联席会议(Kultusministerkonferenz)所属的专门委员会提出对职业教育课程方案进行修订。在此之后，经过 3 年时间的教育政策讨论，各州文教部长联席会议于 1996 年 5 月 9 日颁布新的课程“编制指南”，于是德国实施了针对“学习领域”课程的 21 个不同项目的典型实验(模式探索)，时间从 1998 年 10 月 1 日开始至 2003 年 9 月 30 日结束。实验项目覆盖了 14 个州、100 所职业学校，共有 13 000 名学生参与。在这些项目的成功经验基础上，德国随后在全国其他职业学校进一步推广和实施“学习领域”课程方案。至此，德国正式以“学习领域”课程取代了沿用多年的以分科课程为基础的课程方案。

### 4.1.2 “学习领域”课程方案的概念及理论基础

1. “学习领域”课程方案的几个基本概念

1) 工作过程

所谓工作过程，是在企业里完成一件工作任务并获得工作成果而进行的一个完整的工作程序，是一个综合的、时刻处于运动状态但结构相对固定的系统。广义的工作过程是指在实现确定目标的生产活动和服务的顺序，狭义上是指向物质产品的生产。所以，工作过程的意义在于，一个职业之所以能够成为一个职业，是因为它具有特殊的工作过程，即在工作的方式、内容、方法、组织以及工具的历史发展方面有它自身的独到之处。

2) 行动领域

行动领域指的是一个综合性的任务，是在职业、生活和社会的行动情境相互关联的任务集合，一般以问题的形式表述。体现了职业的、社会的和个人的需要，职业教育的学习过程应该有利于完成这些行动情境中的任务。行动领域体现了职业的、社会的和个人的需求，职业教育的学习过程应该有利于完成这些行动情境中的任务。对指向当今和未来职业实践的行动领域进行教学论反思与处理，就产生了《框架教学计划》中的“学习领域”。

3) 学习领域

在职业教育中，学习领域是一个跨学科的课程计划，是案例性的，经过系统化教学处理的行动领域。德国“各州文教部长联席会议”对学习领域的定义为：是一个由学习目标表述的主题学习单元。一个学习领域课程由能力描述的学习目标、任务陈述的学习内容和总量给定的学习时间三部分。由于学习领域不是按照学科体系，而是按照实际工作行动的工作过程编排的，学习目标描述以及内容选择与职业行动本身有着密切的关系。

4）学习情境

学习情境是一个案例化的学习单元，是组成学习领域课程方案的结构要素，它把理论知识、实践技能与实际应用环境结合在一起，是课程方案在职业学校学习过程中的具体化。作为具体化了的学习领域，学习情境因学校、因教师而异，具有范例性。实际上，学习领域是课程标准，而学习情境则是实现学习领域能力目标的具体课程方案。

行动领域、学习领域、学习情境以及学科系统化课程的关系如图 4-1 所示。

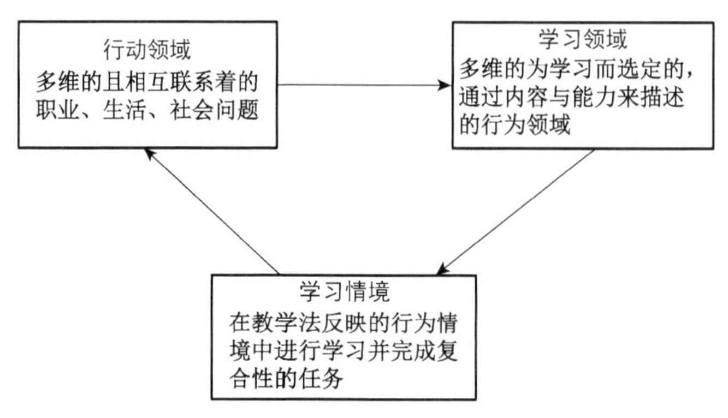


图 4-1　行动领域、学习领域和学习情境

2.“学习领域”课程方案的理论基础

德国职业教育研究是在“技术应用⟷劳动组织⟷职业教育”这三者相互作用的框架下进行的。由于职业教育受技术和劳动组织（或企业）的双重影响，技术发展导致劳动组织的变化，而同时技术发展以及劳动组织的相应变化又共同影响职业教育的内容及其实施。在科学技术日新月异的信息时代，劳动组织、技术和职业教育三者间的关系日益密切。劳动组织、技术和职业教育发展变化都直接影响职业的发展（图 4-2，参照图 1-3）。这三者相互关系理论起源于设计导向职业教育思想，它产生于 20 世纪 80 年代。其主要内涵是：职业教育所培养的人才不仅具有职业岗位适应能力，而且还能参与设计和创造技术与劳动组织。此三者相互关系理论已成为德国职业教育发展以及“学习领域”课程改革的重要理论基石。

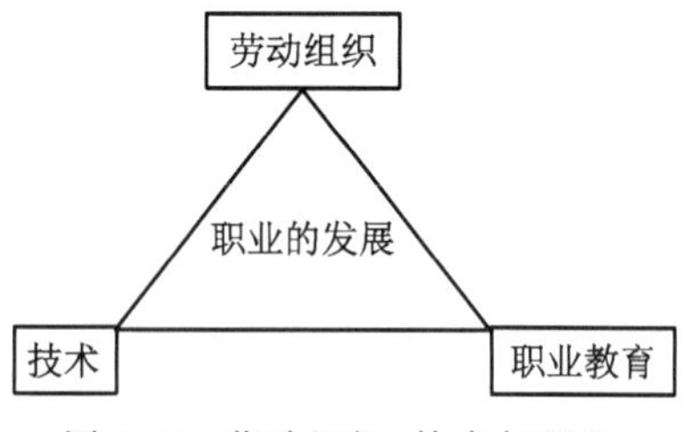


图 4-2　劳动组织、技术与职业教育相互联系

工作领域主要体现在劳动组织、技术和职业的发展等方面，“学习领域”与学习情境则是职业教育实施的载体。一方面，信息技术改变了传统的劳动形式，特别是劳动组织结构的扁平化、管理方式的柔性化以及管理职权的下放，对员工的要求也越来越高，他们不仅在专业能力、社会能力和方法能力方面，而且在越来越重要的创新和管理能力、自我组织能力方面也需不断得到提高和加强。另一方面，职业教育通过实施工作型学习任务，采用在工作中学习的方式主动推动技术开发与设计以及劳动组织的变革与创新。

### 4.1.3 “学习领域”课程方案的主要内容

1.“学习领域”课程方案总体结构

基于学习领域方案的框架教学计划，是适用于德国双元制职业学校的国家课程标准，包括五个部分：

第一部分为绪论，主要阐述这一课程标准的意义。

第二部分为职业学校的教育任务，主要阐述职业学校的教育目标、教学文件、教育原则和能力目标。

第三部分为教学论原则，主要阐述基于学习理论及教学论的教学重点。

第四部分为与教育职业有关的说明，主要阐述该职业教育(即专业，曾译为培训职业)的培养目标、课程形式、教学原则和学习内容。而所有"跨职业教育"的学习目标(即通用目标)与"本教育职业"的学习目标，均采用学习领域的形式加以规范。

第五部分为学习领域，列举本教育职业所有学习领域(即课程)的数量、名称、学时并对其中每个学习领域的目标、内容和学时分别加以描述。

表 4-1 为以技术商务类教育职业的学习领域为例列举的课程结构。

**表 4-1　　技术商务类教育职业的学习领域课程方案的基本机构学习领域**

<table>
<tr><th rowspan="2">学习领域<br>(名称)</th><th colspan="3">基准学时/小时</th></tr>
<tr><th>第一学年</th><th>第二学年</th><th>第三学年</th></tr>
<tr><td>学习领域一</td><td></td><td></td><td></td></tr>
<tr><td>学习领域二</td><td></td><td></td><td></td></tr>
<tr><td>……</td><td></td><td></td><td></td></tr>
<tr><td>学习领域 N</td><td></td><td></td><td></td></tr>
<tr><td>总计</td><td></td><td></td><td></td></tr>
</table>

2. "学习领域"课程方案具体结构

从学习领域课程方案的总体结构( 宏观结构) 看，每一教育职业的课程一般由 10～20 个学习领域( 即 10～20 门课程) 组成。具体数量根据各教育职业的需要决定。从学科结构考虑，组成课程的各学习领域之间在内容和形式上并无明显的直接联系，但在课程实施时却要采取跨学习领域的组合学习方式，即根据职业定向的案例性工作任务，采取如项目教学等行动导向的教学方法来进行，实质上是将学科结构的内容有机地融入工作过程的结构之中。从学习领域课程方案的具体结构( 微观结构) 来看，每一学习领域一般都以该教育职业相对应的职业行动领域为依据。一个学习领域就是一个学习单元，其主体内容是职业任务设置与职业行动过程取向的，也就是说工作过程导向，即以职业行动体系为其主参照系。尽管如此，由于每一学习领域所涉及的内容既包括基础知识又包括系统知识，因此并不完全拒绝传统的学科体系的内容和结构，允许学科体系形式的学习领域存在。

每一"学习领域"的基本结构如表 4-2 所示。

**表 4-2　　"学习领域"的基本结构**

<table>
<tr><td rowspan="2">学习领域(序号)</td><td rowspan="2"></td><td>第　学年</td><td></td></tr>
<tr><td>基准学时(小时)</td><td></td></tr>
<tr><td>目标描述</td><td colspan="3"></td></tr>
<tr><td>内容</td><td colspan="3"></td></tr>
</table>

3. “学习领域”课程方案内容的选择

实践性知识也可称主观知识，是指个体在实践基础上通过自己的经验积累总结和概括所获得的知识，包括人们由经验产生的直觉、技能等，它具有与情境相关但不明确的特点。理论知识也可称客观知识，是指外在信息的表述，如定理、公式等，它具有与情境无关、科学相关性并为实践辩护等特点。工作过程知识是在工作过程中直接需要的、常常是在工作过程中直接获得的知识(包括理论知识)，具有与情境相关、以实践为导向等特点。

工作过程知识是“学习领域”课程方案开发的主要内容，通过工作过程知识的学习来提高职业行动能力。工作过程知识是基于主观知识和客观知识的整合。工作过程知识与实践知识以及理论知识三者间的关系如图 4-3 所示。

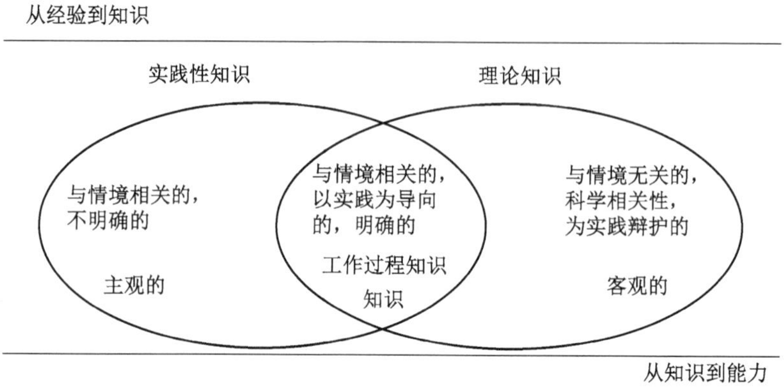

从经验到知识

实践性知识

理论知识

与情境相关的，
不明确的

主观的

与情境相关的，
以实践为导向
的，明确的

工作过程知识

知识

与情境无关的，
科学相关性，
为实践辩护的

客观的

从知识到能力

图 4-3　实践性知识、理论知识与工作过程知识的关系

“学习领域”课程方案是以培养学生具有建构工作世界的能力为主要目标，而这是以理解企业的整体工作过程和经营过程为前提的，因此，工作过程知识自然成为“学习领域”课程方案的主要内容。“学习领域”课程方案要求对学科领域课程进行整合，开发出跨学科的职业行动体系课程。新开发的“学习领域”课程方案是根据“培训职业”的典型工作任务开发出来的，每一个“学习领域”都针对一个典型的职业工作任务。通过对与具体工作任务相关的工作过程、内容、方法、要求、劳动组织、工具及与其他工作任务的相互关系等进行分析，从中找出符合“培训职业”的技术知识并分析出隐性的工作过程知识。

4. “学习领域”课程方案内容的序化

职业教育课程内容的序化，旨在追求工作过程的完整性而不是学科结构的完整性。近年来，德国职业教育学者对序化理论的探究主要集中在课程内容的“结构化形式”和课程方案的“合理化原则”这两大领域。卡尔斯鲁尔大学职业教育学资深专家李普斯迈尔(Lipsmeier)教授认为，作为课程内容排序和课程方案选择依据的下述结构化形式及合理化原则，可作为工作过程系统化课程方案设计的基础。

1) 课程内容排序的结构化形式

第一大类课程结构：连续——线性结构化形式，包括阶梯式课程和螺旋式课程。

第二大类课程结构：非连续——同心圆结构化形式，包括范畴结构化、范例结构化、纪元结构化、项目形式结构化、案例导向结构化、结构晶格结构化、学习领域导向结构化、混沌结构化等。

2) 课程方案选择的合理化原则

其一，是科学性原则。这是课程内容合理化选择的主要原则之一，但要避免只强调对科学单方面地或者占支配地位地涉猎，否则若将“专业科学的结构……不加改变地直接作为教学内容的选择、结构化和正确性的标准”(Jank/Meier 1991),那将导致陷入“复制教学论”的境地。

其二,是情境性原则。这是课程内容合理化选择的又一主要原则,这是因为职业教育学习内容,与职业情境紧密相关,其教育过程应该为了解、熟悉职业情境做准备。这一原则又可细分为5种变式:职业性原则、生活世界原则、行动导向原则、设计导向原则、工作过程导向原则。

其三,是人本性原则。这是课程内容合理化选择在教育层面或人文层面的反思。职业教育不能被动适应社会需求,而应是学习者具有主动设计自己职业生涯的能力。所以,这是在基于个体需求并强调人格发展定向基础上的课程内容选择的原则。

## 4.2 学习领域课程开发

### 4.2.1 学习领域课程方案的基本类型

李索普和胡辛佳(Lisop/Husinga)将学习领域分为三种类型:

(1) 基础性学习领域:目的在于获取基础的理论定向知识,使学科专门化的重点内容与学习者的社会化过程、个性问题及其经验实现一体化,奠定必要的知识关联及对其反思,实现与科学性原则的链接。

(2) 迁移性学习领域:目的在于通过选择典型的传统和现代劳动组织的情境进行教学,获取工作实践知识,要求必须在对现实工作进行模拟的基础上组织学习,使情境性原则的应用成为可能。

(3) 主体性学习领域:目的在于除掌握客观具体的技能与专门知识以外,经验与反思、利益与冲突以及文化与社会的因素在这里都成为重要的内容,适合采用人本性原则。

### 4.2.2 学习领域课程方案的特征

学习领域的教学目标及教学内容要求教学的实施必须以行动为导向,因为只有在行动与工作过程中,学生才能有效地获取工作过程知识,获得建构或参与建构工作世界的能力。

“行动导向”教学并不是一种具体的教学方法,而是以行动或工作任务为导向的一种职业教育教学指导思想与策略,是由一系列的以学生为主体的教学方式和方法所构成。以行动为导向的教学不仅重视教学的目的,而且更加重视教学的过程,它所要达到的教学目标是培养学生的职业行动能力。行动导向的教学具有三个基本特征:

(1) 强调行动的完整性。“行动导向”教学不仅仅指在行动中进行教学,更重要的是在一种完整的、综合的行动中进行思考与学习,也就是说,要按照“信息、计划、决策、实施、检查、评估”完整的行动方式来进行教学。

(2) 体现学生的主体性。在“行动导向”教学中,从信息的收集、计划的制定、方案的选择、目标的实施、信息的反馈到成果的评估,学生参与整个过程的每个环节,成为学习活动中的主人。

(3) 追求学习成果的多样性。“行动导向”教学追求的不只是知识的积累,更重要的是职业能力的提高。职业能力是一种综合能力,它的形成不仅仅是靠教师的教,而重要的是在职业实践中形成的,这需要为学生创设真实的职业情境,通过以工作任务为依托的教学方式使学生置身于真实的或模拟的工作世界中。在完成工作任务的过程中,解决问题的方案不是唯一的,而是多样化的，因此“行动导向”教学的评价标准不是“对”与“错”，而是“好”与“更好”。在教学过程中强调的是为学生设计能充分发挥潜能的学习情境。因此，在“行动导向”教学中，学习的成果也不是唯一的，而是多样化的。

### 4.2.3 课程开发思路及方法

学习领域课程开发的基础是职业工作过程。基本思路是：由与该教育职业的职业行动体系中的全部职业“行动领域”导出相关的“学习领域”，再通过适合教学的“学习情境”使之具体化。开发的基本路径可简述为“行动领域⟷学习领域⟷学习情境”，如图 4-4 所示。

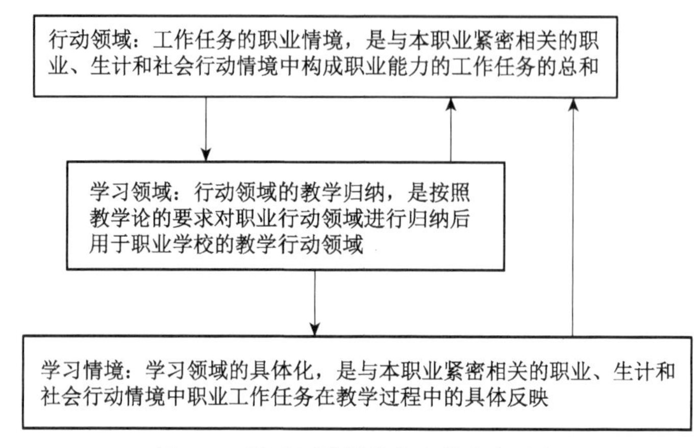


图 4-4　学习领域课程方案的基本思路

学习领域课程方案开发的基本方法如图 4-5 所示。

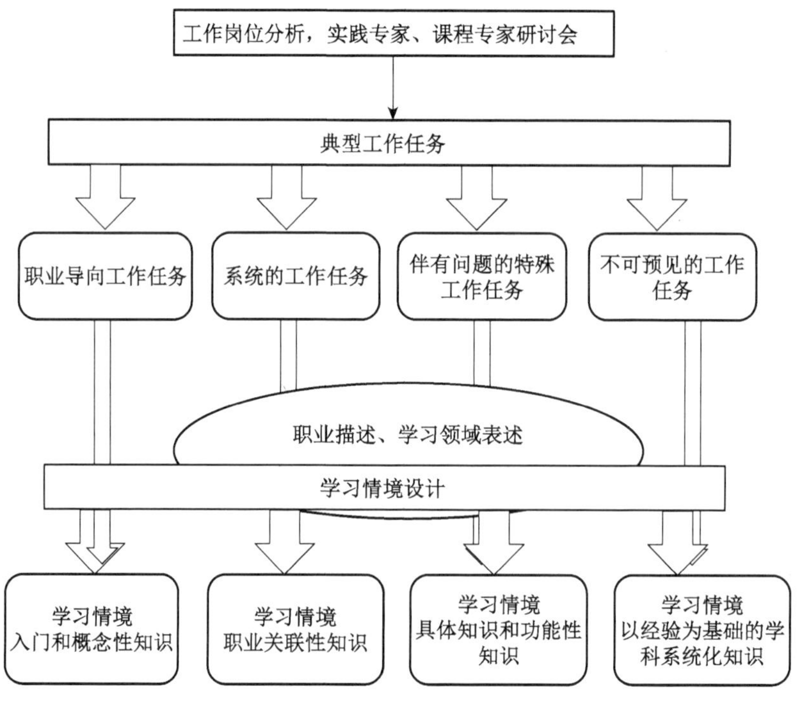


图 4-5　学习领域课程方案开发的基本方法

### 4.2.4 课程开发步骤

马格德堡大学巴德教授与北威州学校与继续教育研究所合作，制定了学习领域课程开发的 8 个基本步骤，如图 4-6 所示。

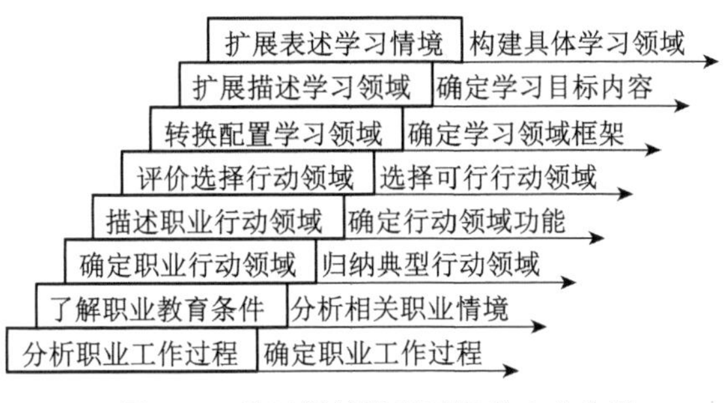


图 4-6 学习领域课程开发的 8 个步骤

第一步，分析职业工作过程，主要了解和分析该教育职业相应的职业与工作过程之间的关系。

第二步，了解职业教育条件，主要调查和获得该教育职业在开展职业教育时所需要的条件。

第三步，确定职业行动领域，主要确定和统计该教育职业所涵盖的职业行动领域的数量和范围。

第四步，描述职业行动领域，主要描述和界定所确定的各个职业行动领域的功能、所需的资格或能力。

第五步，评价选择行动领域，主要评价所确定的行动领域，以此作为学习领域的初选标准及相应行动领域选择的基础。

第六步，转换配置学习领域，主要将所选择的行动领域转换为学习领域配置。

第七步，扩展描述学习领域，主要根据各州文教部长联席会议指南的内容，对各个学习领域进行扩展和描述。

第八步，扩展表述学习情境，主要通过行动领域定向的学习领域具体化来扩展和表述学习情境。

## 4.3 开发案例——“施工员”培养课程开发

### 4.3.1 “施工员”培养课程开发

1. 分析职业工作过程

(1) 施工员的职业描述。施工员是施工企业完成各项施工任务最基层的技术和组织管理人员。作为建筑五大员之一，在施工过程起着重要的作用。从工程刚开始的投标、现场施工、工程质量管理、现场安全、现场资料、每月报量、预算、结算及协调各方关系等都需要施工员积极参加。

其主要职责是：结合多变的现场施工条件，将参与施工的劳力、机具、材料、构配件和采用的施工方法等，科学地、有序地协调组织起来，在时间和空间上取得最佳组合，取得最好的经济效果，保质保量保工期地完成任务。主要工作内容是，首先在项目经理领导下，在工程的投标报价阶段参加投标，其次在工程现场施工中要负责：图纸会审、施工方案、技术交底、施工质量控制、现场施工资料等工作。再次在施工过程中协助项目经理做好组织协调、工程施工中的变更及签证工作。施工员岗位贯穿工程建设管理的全过程，是一个集技术、理论、组织、沟通等多方面的综合岗位。须深入施工现场，协助搞好施工监理，与施工队一起复核工程量，提供施工现场所需材料规格、型号和到场日期，做好现场材料的验收签证和管理，及时对隐蔽工程进行验收和工程量签证，协助项目经理做好工程的资料收集、保管和归档，对现场施工的进度和成本负有重要责任。

(2) 建筑产品生产过程及施工员岗位工作过程，如图 4-7 描述。

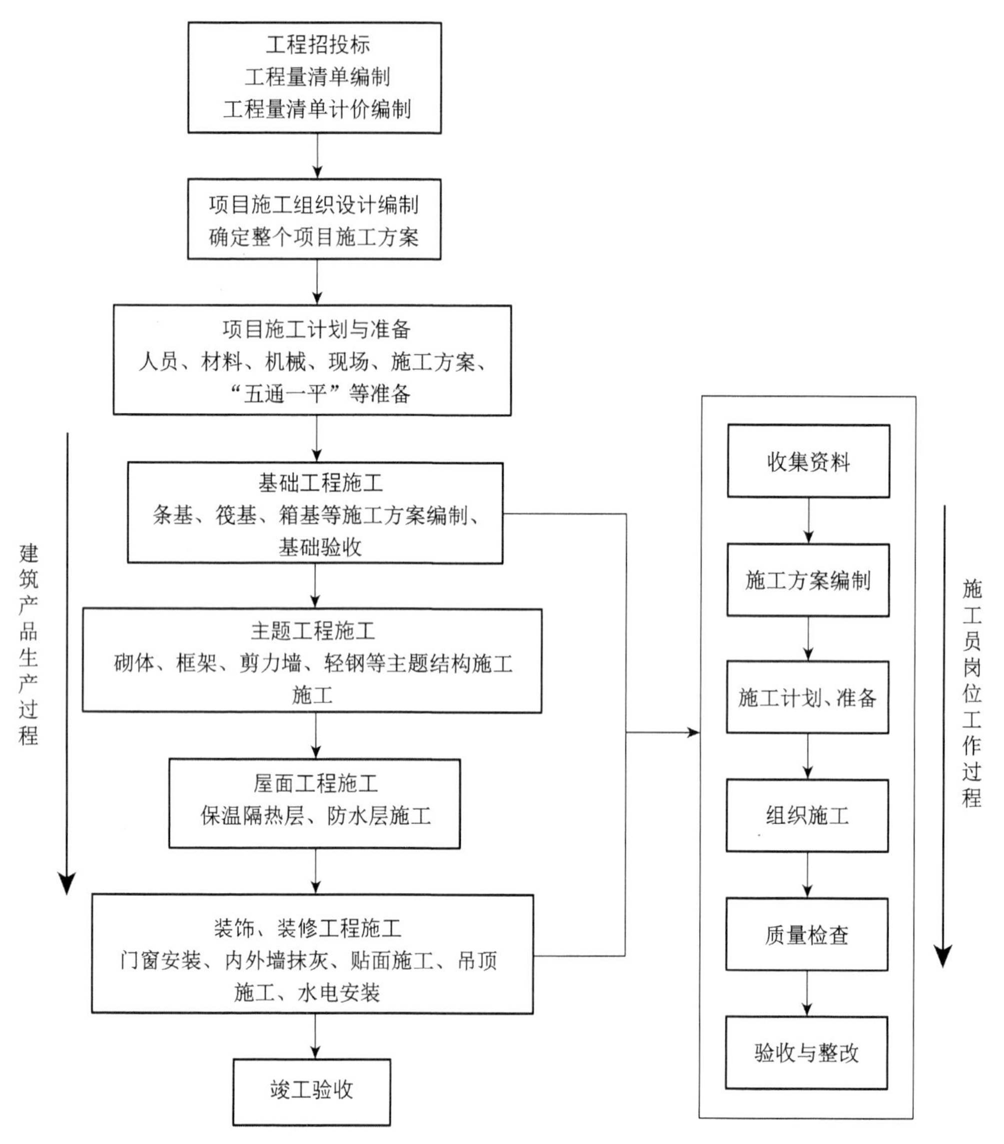


图 4-7　建筑产品生产过程与施工员岗位工作过程

2. 了解职业教育条件

施工员、预算员的培养是与我国社会主义现代化建设要求相适应，入学要求为初中毕业或相当于初中毕业文化程度，德、智、体、美等全面发展，具有综合职业能力，毕业后从事工业与民用建筑的施工操作和基层技术管理的高素质劳动者和中初级专门人才。

根据调研，工民建专业毕业生的就业情况存在明显的地区差异，中西部经济欠发达地区一般好于东部经济发达地区。中职工民建专业毕业生就业的单位主要是建筑施工企业，而房地产开发企业、设计院(所)、建设管理部门等单位只是少数。笔者通过对慈溪市行知职业学校工民建专业毕业生就业情况调查发现，从就业岗位看，以建筑施工一线管理岗位为主，包括施工员、预算员、质检员、安全员、材料员等，而施工员、预算员岗位人数居诸岗位前列。

3. 确定职业行动领域

根据施工员的工作过程分析和对职业教育条件的了解，确定施工员的主要职业行动领域如下：

(1) 施工现场临时设施设计与施工。

(2) 施工现场定制管理。

(3) 建筑工程测量与施工放线及测量点管理。

(4) 计量器具管理。

(5) 现场机械设备管理。

(6) 现场进度控制。

(7) 开竣工管理。

(8) 提供清单以外的签证。

(9) 施工组织设计与方案编制。

4. 职业行动领域的描述并评价选择行动领域

在对施工企业的现场参观和对行业专家的座谈了解后，结合大量文献资料，描述施工员在各个行动领域中所应具备的能力如下：

(1) 熟练识读建筑工程土建施工图。

(2) 读懂水暖电专业施工图。

(3) 基础和基坑工程的施工工艺、施工方法、质量检查等能力。

(4) 屋面工程的施工工艺、施工方法、质量检查等能力。

(5) 砌体结构主体工程的施工工艺、施工方法、质量检查等能力。

(6) 混凝土框架主体工程和混凝土剪力墙主体工程的施工工艺、施工方法、质量检查等能力。

(7) 配合水电施工能力。

(8) 轻钢结构主体工程的施工工艺、施工方法、质量检查等能力。

(9) 抹灰与贴面工程的施工工艺、施工方法、质量检查等能力。

(10) 门窗及吊顶工程的施工工艺、施工方法、质量检查等能力。

5. 转换配置学习领域并扩展描述

施工员学习领域基本结构如表 4-3 所示。

6. 扩展表述学习情境

具体参见第 5 章学习情境开发。

表 4-3　　"施工员"学习领域课程开发

<table>
<tr><th>编号</th><th>学习领域</th><th>扩展描述学习领域</th></tr>
<tr><td>1</td><td>文化基础及职业指导</td><td>(1) 文化基础课的学习包括语文、数学、英语、物理、化学及综合文科<br>(2) 职业道德与职业指导<br>(3) 法律基础知识经济与政治基础知识<br>(4) 哲学基础知识<br>(5) 计算机应用基础<br>(6) 体育与健康</td></tr>
<tr><td>2</td><td>建筑识图</td><td>(1) 正确识读建筑总平面图<br>(2) 正确识读建筑施工图(平面、立面、剖面、构造节点详图)<br>(3) 用 CAD 软件做竣工图</td></tr>
<tr><td>3</td><td>建筑材料检测与管理</td><td>(1) 掌握水泥、钢材的性能、特点<br>(2) 材料取样和试件制作<br>(3) 砂、石、水泥、钢材、外加剂、砌块质量验收<br>(4) 材料检测</td></tr>
<tr><td>4</td><td>地基的处理、基础施工</td><td>(1) 地基的处理<br>(2) 计算基坑(槽)土方工程量<br>(3) 正确识读基础结构图<br>(4) 对基础工程钢筋配料进行计算、审查<br>(5) 编报基础施工备料计划<br>(6) 选择基坑土方开挖方案和基础施工方案<br>(7) 编制基坑工程施工作业指导书(含工艺流程、施工方法、质量标准、施工要点)并进行技术交底<br>(8) 编制基础工程施工作业指导书(含工艺流程、施工方法、质量标准、施工要点)并进行技术交底<br>(9) 检查、验收基础各分项工程质量<br>(10) 填写基础各分项工程质量检查验收记录表和基础工程验收单<br>(11) 办理工程签证<br>(12) 图纸会审</td></tr>
<tr><td>5</td><td>砌体结构工程施工</td><td rowspan="4">(1) 对主体工程结构钢筋(型钢)配料进行计算和审查<br>(2) 正确识读主体结构施工图和结构详图<br>(3) 编报主体工程施工备料计划<br>(4) 选择主体工程施工方案<br>(5) 编制主体工程施工作业指导书,并进行技术交底<br>(6) 编写主体工程验收报告和相关资料<br>(7) 留置试块与试块管理<br>(8) 填写施工日志</td></tr>
<tr><td>6</td><td>混凝土框架与楼梯施工</td></tr>
<tr><td>7</td><td>混凝土剪力墙与特种结构施工</td></tr>
<tr><td>8</td><td>轻钢结构工程施工</td></tr>
<tr><td>9</td><td>抹灰与贴面工程施工</td><td rowspan="3">(1) 编报装饰装修工程(内外墙抹灰工程、贴面工程、门窗安装、吊顶、涂饰工程)施工备料计划<br>(2) 选择装饰装修工程施工方案<br>(3) 编写装饰装修工程各分项工程施工作业指导书,并进行技术交底<br>(4) 对装饰装修工程各分项工程进行质量检查与验收</td></tr>
<tr><td>10</td><td>门窗与吊顶工程施工</td></tr>
<tr><td>11</td><td>楼地面工程施工</td></tr>
<tr><td>12</td><td>屋面工程施工</td><td>(1) 编报屋面工程施工备料计划<br>(2) 选择屋面工程施工方案<br>(3) 编制屋面工程施工作业指导书,并进行技术交底<br>(4) 对屋面工程各分项工程进行验收</td></tr>
<tr><td>13</td><td>建筑设备的认知及其管理</td><td>(1) 识读水、暖、电施工图<br>(2) 土建施工中为水、暖、电施工创造条件<br>(3) 学习给水排水管道安装工艺<br>(4) 学习电路及电气安装工艺</td></tr>
</table>

续 表

| 编号 | 学习领域 | 扩展描述学习领域 |
| --- | --- | --- |
| 14 | 脚手架工程与垂直运输设备 | (1) 脚手架搭设基本要求<br>(2) 扣件式钢管脚手架、模板支架、悬挑式脚手架、吊篮脚手架等构造、施工工艺<br>(3) 扣件式钢管脚手架、模板支架、悬挑式脚手架、吊篮脚手架等质量验收与安全措施<br>(4) 龙门架及井架物料提升架安拆方案、技术交底<br>(5) 施工外用电梯安拆方案、技术交底<br>(6) 塔吊安拆方案、技术交底<br>(7) 扣体式钢管脚手架强度、刚度、稳定性计算 |
| 15 | 建筑工程测量与施工放线 | (1) 测量机械的运用及其管理<br>(2) 对房屋轴线及标高进行复测<br>(3) 测设“50”线<br>(4) 引测填充墙位置线<br>(5) 保护“控制点”和“标高基准点” |
| 16 | 施工组织设计编制 | (1) 编制周转材料计划<br>(2) 编制施工设备计划<br>(3) 编制成品保护措施<br>(4) 编制施工总平面图<br>(5) 编制劳动力计划<br>(6) 计算施工水、电用量和大临设施面积<br>(7) 编制工序流程图<br>(8) 编制施工进度计划(用网络图)<br>(9) 编制文明施工及环保措施 |
| 总计(小时) | | |

## 4.3.2 建筑施工员职业工种介绍

### 4.3.2.1 不同工程中的施工工种介绍

不同施工技术人员工种的异同如表 4-4 所示。

**表 4-4　　施工技术工人职业及工种细目表**

| 职业中类 | 职　业 | 工　　种 | 建筑工程 | 道路工程 | 桥梁工程 | 铁路工程 | 地下及隧道工程 | 港口工程 | 海洋工程 | 水利工程 | 给排水工程 | 环境工程 |
| --- | --- | --- | --- | --- | --- | --- | --- | --- | --- | --- | --- | --- |
| 土石方施工人员 | 凿岩工 | 开挖钻工 | * | * | * | * | * | * | * | | * | |
| | | 钻探灌浆工 | * | * | * | * | * | * | * | | * | |
| | | 工程凿岩工 | * | * | * | * | * | | | | | |
| | | 隧道工 | | * | | * | * | | | | | |
| | 爆破工 | 水工爆破工 | * | | * | | * | * | * | | | |
| | | 工程爆破工 | * | * | | * | * | * | * | | | |
| | 土石方机械操作工 | 推土机驾驶员 | * | * | * | * | * | * | | * | * | |
| | | 铲运机驾驶员 | * | * | * | * | * | * | | * | * | |
| | | 挖掘机驾驶员 | * | * | * | * | * | * | | * | * | |
| | | 打桩工 | * | * | * | | | * | | * | * | |
| | | 铲运机操作工 | * | * | * | * | * | * | | * | * | |

续 表

| 职业中类 | 职业 | 工种 | 建筑工程 | 道路工程 | 桥梁工程 | 铁路工程 | 地下及隧道工程 | 港口工程 | 海洋工程 | 水利工程 | 给排水工程 | 环境工程 |
|---|---|---|---|---|---|---|---|---|---|---|---|---|
| 砌筑人员 | 砌筑工 | 砌筑工 | * | * | | | | | | | | |
| | | 瓦工 | * | | | | | | | | | |
| | | 筑炉工 | * | | | | | | | | | * |
| | | 炉衬工 | * | | | | | | | | | * |
| | | 窑炉瓦工 | * | | | | | | | | | * |
| | | 船舶泥工 | | | | | | * | | | | |
| | 石工 | 石工 | * | * | * | * | * | | | | * | |
| 混凝土配制及制品加工人员 | 混凝土工 | 坝工混凝土工 | | | | * | * | * | * | * | * | * |
| | | 喷护工 | * | * | * | * | * | * | * | * | * | * |
| | | 混凝土工 | * | * | * | * | * | * | * | * | * | * |
| | | 碾压工 | * | * | * | * | * | * | * | * | * | * |
| | | 喷筑工 | * | * | * | * | * | * | * | * | * | * |
| | 混凝土制品模具工 | 坝工模板工 | | | | | | * | * | * | | * |
| | | 混凝土制品模具工 | * | * | | | | * | * | * | | |
| | | 房屋建筑模板工 | * | | | | | | | | | |
| | 混凝土搅拌机械操作工 | 稳定土厂拌和设备操作工 | * | * | * | * | * | * | * | * | * | * |
| | | 沥青混凝土拌和楼操作工 | * | * | * | * | * | * | * | * | * | * |
| | | 水泥混凝土拌和楼操作工 | * | * | * | * | * | * | * | * | * | * |
| | | 搅拌机操作工 | * | * | * | * | * | * | * | * | * | * |
| | | 拌和楼操作工 | * | * * | * | * | * | * | * | * | * | * |
| 钢筋加工人员 | 钢筋工 | 钢筋工 | * | * | * | * | | * | * | * | | |
| 施工架子搭设人员 | 架子工 | 架子工 | * | | | | | * | * | | | |
| 工程防水人员 | 防水工 | 防水工 | * | * | * | * | * | * | * | * | * | * |
| | | 沥青加工工 | * | * | * | * | * | * | * | | | |
| | 防渗墙工 | 防渗墙工 | * | * | | | | * | * | | | |
| 装饰装修人员 | 装饰装修工 | 抹灰工 | * | | | | | | | | | |
| | | 建筑油漆工 | * | | | | | | | | | |
| | | 金属门窗工 | * | | | | | | | | | |
| | 室内成套设施装饰工 | 室内成套设施装饰工 | * | | | | | | | | | |
| 古建筑修建人员 | 古建筑结构施工工 | 古建瓦工 | * * | | | | | | | | | |
| | | 古建木工 | * * | | | | | | | | | |
| | | 古建石工 | * * | | | | | | | | | |

续　表

| 职业中类 | 职　业 | 工　　种 | 建筑工程 | 道路工程 | 桥梁工程 | 铁路工程 | 地下及隧道工程 | 港口工程 | 海洋工程 | 水利工程 | 给排水工程 | 环境工程 |
|---|---|---|---|---|---|---|---|---|---|---|---|---|
| 古建筑修建人员 | 古建筑装饰工 | 古建油漆工 | * * | | | | | | | | | |
| | | 古建彩画工 | * * | | | | | | | | | |
| 筑路、养护、维修人员 | 筑路机械操作工 | 沥青混凝土摊铺机操作工 | | * | * | | | | | | | |
| | | 管涵顶进工 | | * | | | * | | | | | |
| | | 公路重沥青操作 | | * | | | | | | | | |
| | | 路基工 | | * | * | | | | | | | |
| | | 压路机操作工 | | * | * | | | | | | | |
| | | 水泥混凝土摊铺机操作工 | | * | * | | | | | | | |
| | 筑路、养护工 | 筑路工 | | * | | | | | | | | |
| | | 道路养护工 | | * | | | | | | | | |
| | | 道路巡视工 | | * | | | | | | | | |
| | | 公路养护工 | | * | | | | | | | | |
| | | 桥梁养护工 | | | * | | | | | | | |
| | | 隧道养护工 | | | | | * | | | | | |
| | | 乳化养护工 | | * | | | | | | | | |
| | | 公路标志(标线)工 | | * | | | | | | | | |
| | | 路基工 | | * | * | | * | | | | | |
| | | 路面工 | | * | * | | * | | | | | |
| | | 压路机操作工 | | * | * | | * | | | | | |
| | | 机场场道维修工 | | * | | | | | | | | |
| | 线桥专用机械操作工 | 铺轨机司机 | | | | * | | | | | | |
| | | 大型线路机械司机 | | | | * | | | | | | |
| | | 轨道车司机 | | | | * | | | | | | |
| | 铁道线路工 | 线路工 | | | | * | | | | | | |
| | | 路基工 | | | | * | | | | | | |
| 筑路、养护、维修人员 | 桥梁工 | 桥梁吊装工 | | | * * | | | | | | | |
| | | 铁路桥梁工 | | | | * | | | | | | |
| | | 桥隧工 | | | * * | | | | | | | |
| | 隧道工 | 隧道工 | | | | | * * | | | | | |
| | | 铁路隧道工 | | | | * | | | | | | |
| | 铁路舟桥工 | 舟桥起重工 | | | | * | | | | | | |
| | | 舟桥组装工 | | | | * | | | | | | |
| | | 轮渡组装工 | | | | * | | | | | | |
| | | 栈桥组装工 | | | | * | | | | | | |
| | | 机动舟驾驶员 | | | | * | | | | | | |

续 表

| 职业中类 | 职 业 | 工 种 | 建筑工程 | 道路工程 | 桥梁工程 | 铁路工程 | 地下及隧道工程 | 港口工程 | 海洋工程 | 水利工程 | 给排水工程 | 环境工程 |
|---|---|---|---|---|---|---|---|---|---|---|---|---|
| 筑路、养护、维修人员 | 道岔制修工 | 道岔钳工 | | | | * | | | | | | |
| | 枕木处理工 | 浸注处理工 | | | | * | | | | | | |
| | | 木材防腐整备工 | | | | * | | | | | | |
| 工程设备安装人员 | 机械设备安装工 | 工程安装钳工 | * | * | | * | | * | | * | * | |
| | | 管道工 | * | * | | | * | * | | * | * | * |
| | | 通风工 | * | | | | * | * | | | | * |
| | | 安装起重工 | * | * | | | | * | | | | |
| | | 起重机安装工 | * | * | | | | * | | * | * | |
| | | 挖掘机安装工 | * | * | | | | * | | * | * | |
| | 电器设备安装工 | 工程电气设备安装调试工 | * | | | | * | | | | | |
| | | 电梯安装维修工 | * | | | | * | | | | | |
| | | 煤矿电气安装工 | * | | | | | | | | | |
| | 管工 | 电厂管道安装工 | * | | | | | | | | | |
| | | 下水道工 | * | * | | * | * | | | | * | * |
| | | 下水道养护工 | * | * | | * | * | | | | * | * |
| | | 管子修理工 | * | * | | | * | | | | * | * |
| | | 管工 | * | * | | | * | | | | * | * |
| 其他工程施工人员 | 中小型机械操作工 | 中小型建筑机械操作工 | * | | | | | | | | * | |
| | | 打桩工 | * | | | | | | | | * | |
| | | 平地机操作工 | * | | | | | | | | * | |
| | | 中小型机械操作工 | * | | | | | | | | * | |
| | | 卷扬机操作工 | * | | | | | | | | * | |
| | 港口维护工 | 码头维修工 | | | | | | * | | | | |
| | | 水面防污工 | | | | | | * | | | | |
| | | 港口除尘操作工 | | | | | | * | | | | |
| | 航道航务施工工 | 疏浚管线工 | | | | | | * | | | | |
| | | 航道爆破工 | | | | | | * | | | | |
| | | 扎笼及扎排工 | | | | | | * | | | | |
| | | 沉排及抛石工 | | | | | | * | | | | |
| | | 水上打桩工 | | | | | | * | | | | |
| | | 水上抛填工 | | | | | | * | | | | |
| | 起重装卸机械操作工 | 天车工 | * | | | | | | | * | | |
| | | 起重机驾驶员 | * | | | | | | | * | * | |
| | | 蒸汽起重机司机 | * | | | | | | | | | |
| | | 蒸汽起重机副司机 | * | | | | | | | | | |

续　表

| 职业中类 | 职　业 | 工　　种 | 建筑工程 | 道路工程 | 桥梁工程 | 铁路工程 | 地下及隧道工程 | 港口工程 | 海洋工程 | 水利工程 | 给排水工程 | 环境工程 |
|---|---|---|---|---|---|---|---|---|---|---|---|---|
| 其他工程施工人员 | 起重装卸机械操作工 | 装卸车司机 | * | | | | | | | * | * | |
| | | 内燃装饰机械司机 | * | | | | | | | | | |
| | | 电动装卸机械司机 | * | | | | | | | * | | |
| | | 液体装卸操作工 | * | | | | | | | | | |
| | | 叉车司机 | * | | | | | | | | | |
| | | 桥式起重机操作工 | * | | | | | | | | | |
| | | 汽车起重机操作工 | * | | | | | | | | | |
| | | 缆索起重机操作工 | * | | | | | | | | | |
| | | 装载机司机 | * | | | | | | | * | * | |
| | 起重工 | 安装起重工 | * | | * | | | | | | | |
| | | 公路运输起重工 | | * | | | | | | | | |
| | | 水上起重工 | | | * | | | * | * | | | |
| | 输送机操作工 | 皮带输送机操作工 | * | * | | | * | | | | | |
| | | 运输带粘接 | * | * | | | * | | | | | |
| | | 输送机操作工 | * | * | | | * | | | | | |
| | | 钢缆皮带操作工 | * | * | | | * | | | | | |
| | | 链式运输机操作工 | * | * | | | * | | | | | |
| | | 给煤机操作工 | * | | | | | | | | | |
| | 铁路通信工 | 通信工 | | | | * | | | | | | |
| | 铁路信号工 | 信号工 | | | | * * | | | | | | |
| | | 地铁列车信号工 | | | | * * | | | | | | |
| | | 地铁行车监控信号工 | | | | * * | | | | | | |

注：* 表示某工程的一般工种，* * 表示某工程的特有工种。

各职业与工种从业人员所从事的工作具体如下：

1. 土石方施工人员

使用机具或手工，对土、石、堆积物等进行凿、挖、填、运等施工的人员。本小类包括下列职业：

1）凿岩工

使用专用机具开凿岩石的人员，包括开挖钻工、钻探灌浆工、工程凿岩工、隧道工等工种。从事的工作主要包括：

(1) 根据爆破设计要求，标定炮孔位置、检查凿岩机、风钻的风管、管路、钻机的风眼、水眼、钻杆；

(2) 使用手工工具打孔，并除去孔内石粉、塞紧孔口等；

(3) 操作钻机进行钻孔，调正钻眼方向、封盖风口等；

(4) 操作机械进行喷锚作业和土石方开挖、成孔、孔位校正、埋设锚杆、喷浆、养护;
(5) 对成孔后的拱道进行支模架、砌拱脚、拱肩和拱顶;
(6) 排除施工中的故障,对所用机具进行保养、维修;
(7) 填写开挖施工报表。

2) 爆破工

使用爆破器材和炸药,爆破岩石、建筑物、构筑物的人员,包括水工爆破工、工程爆破工等工种。从事的工作主要包括:

(1) 选择裸露、炮孔、药壶、深孔、洞室等起爆方法;
(2) 计算起爆用药量、布置药包、装药、堵塞、放炮、处理哑炮;
(3) 计算定向爆破的最小抵抗线长度、方向、起爆时间,确定起爆顺序等;
(4) 控制爆破的炮孔布设、装药量、方法及堵塞等;
(5) 进行静态爆的钻孔、充填灌注、二次破碎和清理;
(6) 布置水下爆破炮孔,计算浓度及装药量,确定装药方法,进行封闭、起爆;
(7) 连接、检测起爆线路;
(8) 保养、维护爆破及检验设备、仪器;
(9) 填写开挖、爆破施工报表。

3) 土石方机械操作工

操作推土、铲运、挖掘机械,进行土石方的平整、铲运、开挖、采集并放置到规定位置的人员,包括推土机驾驶员、铲运机驾驶员、挖掘机驾驶员、打桩工、铲运机操作工等工种。从事的工作主要包括:

(1) 根据土方开挖图,确定开挖路线、顺序、范围、基底标高、边坡坡度及土方堆放地点等;
(2) 操作挖掘、铲运、载运机械,进行挖、铲、填、运的施工;
(3) 操作碎石、碾压等机械,进行碎石、填方压实;
(4) 操作打桩机,进行桩机施工;
(5) 进行机械设备、设施的设置、调试、接地、限位保护等;
(6) 进行设施、设备的一、二级保养及一般故障的排除;
(7) 填写机械履历书和施工报表。

4) 其他土石方施工人员

指未列入前三项的土石方施工人员。

2. 砌筑人员

使用机具或手工,将砌块砌筑成各种形状砌体的人员。本类包括下列职业:

1) 砌筑工

使用砂浆或其他黏合材料,将砖、砌块砌成各种形状的砌体和屋面挂瓦的人员,包括砌筑工、瓦工、筑炉工、炉衬工、窑炉瓦工、船舶泥工等工种。从事的工作主要包括:

(1) 弹中心线及边线;
(2) 立皮数杆,复核标高、中心线;
(3) 根据龙门板上的轴线弹出墙身线、门窗洞口位置线;
(4) 抹防潮层砂浆;
(5) 摆砖、砌块撂底、砌筑;
(6) 制作、砌筑或安装异型砖、砌块等;

(7) 安放拉接筋、预埋件；
(8) 搭设、拆除模架；
(9) 填充保温、隔热材料；
(10) 清理砌体表面、刮缝、勾缝；
(11) 屋面挂瓦。

2) 石工

使用工具对天然石料进行加工、砌筑的人员，石工工种归入石工职业。从事的工作主要包括：

(1) 进行石材的选料、采集、清理；
(2) 弹边线、中心线，立皮数杆，挂准线；
(3) 使用手工或机具加工石材；
(4) 支设、拆除模板；
(5) 砌筑石材；
(6) 安放拉接筋、构件；
(7) 雕刻、琢磨、修整石材；
(8) 清理砌体表面、剔缝、喷洒湿润、勾缝。

3) 其他砌筑人员

指未列入前几项的砌筑人员。

3. 混凝土配制及制品加工人员

使用机械设备，配制、浇筑混凝土及混凝土制品加工的人员。本小类包括下列职业：

1) 混凝土工

将混凝土浇筑成构件、建筑物、构筑物的人员，包括坝工混凝土工、喷护工、混凝土工、碾压工、喷筑工等工种。从事的工作主要包括：

(1) 按混凝土配合比，运送、称量原材料；
(2) 搅拌混凝土；
(3) 制作、养护试块；
(4) 弹控制线；
(5) 浇筑、养护普通、特种混凝土；
(6) 按规定留置施工缝；
(7) 操作预应力混凝土机械设备进行施工；
(8) 组装、校正拆除模板；
(9) 操作混凝土模板提升设备；
(10) 安放预埋构件、预留孔洞。

2) 混凝土制品模具工

使用机械或工具，制作木模板，生产、安装、维修混凝土制品所需模具的人员，包括坝工模板工、混凝土制品模具工、房屋建筑模板工等工种。从事的工作主要包括：

(1) 安装钢模板、捣制构件；
(2) 制作、安装木模板；
(3) 拼装预制构件；
(4) 进行模板再次使用的小修理、清理、涂刷隔离剂、安装；

(5) 拆除支撑；

(6) 进行模板的分类、堆放、装箱。

3) 混凝土搅拌机械操作工

操作搅拌等机械，进行配制、拌和混凝土的人员，包括稳定土厂拌和设备操作工、沥青混凝土拌和设备操作工、稳定土拌和机操作工、水泥混凝土搅拌设备操作工、搅拌机操作工、拌和楼操作工等工种。从事的工作主要包括：

(1) 操作称量设备，按混凝土配合比，称量出各种材料用料；

(2) 使用运输工具运送水泥、砂、石等材料进入混凝土搅拌设备；

(3) 操作搅拌设备，进行沥青、粒料的加温、配比、拌和及稳定土、混凝土拌和作业；

(4) 分析机械施工中的事故并提出防范措施；

(5) 对所操作机械进行维护保养及故障判断、排除；

(6) 处理触电、生物打击等紧急事故；

(7) 填写施工、操作记录表。

4) 其他混凝土配制及制品加工人员

指未列入以上几项的混凝土配制及制品加工人员。

4. 钢筋加工人员

从事钢筋除锈、校直、焊接、切断等处理，并加工成型的人员。

1) 钢筋工

使用工具，对钢筋进行除锈、校直、焊接、切断及加工成型、拼装钢筋骨架的人员。从事的工作主要包括：

(1) 对钢筋进行分类、标号、堆放；

(2) 验收钢筋并进行性能检验；

(3) 操作机具，对钢筋进行除锈、校直、切断、成型；

(4) 进行钢筋冷拉；

(5) 焊接钢筋；

(6) 绑扎、安装钢筋，拼装钢筋骨架；

(7) 填写钢筋配料单、加工表。

2) 其他钢筋加工人员

指未列入上面的钢筋加工人员。

5. 施工架子搭设人员

从事施工架子的搭设、维护和拆除的人员。本小类包括下列职业：

1) 架子工

使用搭设工具，将钢管、夹具和其他材料搭设成操作平台、安全栏杆、井架、吊篮架等的人员。架子工归入本职业内。从事的工作主要包括：

(1) 搭设和拆除施工用木、竹、钢管外架子；

(2) 搭设和拆除木、竹钢管里架子；

(3) 搭设和拆除木、竹、钢管操作平台、斜道、棚仓；

(4) 搭设和拆除木、竹、钢管满堂架子；

(5) 搭设和拆除钢管承重模架、活动架子；

(6) 搭设和拆除木、竹、钢管轻便吊架、金属挂架、挑架子；

(7) 安装预制阳台、信号台、避雷针等配件；

(8) 挂接、拆除安全网；

(9) 进行材料的分类、堆放、保护和性能检验。

2) 其他施工架子搭设人员

指未列入上面的施工架子搭设人员。

6. 工程防水人员

使用工具或机具，加工防水材料并涂刷、摊铺到建筑物、构筑物的防水部位或建造防渗墙及桩柱，进行工程防水的人员。本小类包括下列职业：

1) 防水工

使用工具或机具，对建筑物、构筑物的防水部位涂刷、摊铺防水材料的人员，包括防水工、沥青加工工种。从事的工作主要包括：

(1) 沥青开拆、分块、过磅；

(2) 熬制、搅拌、清除杂物、加填充料；

(3) 使用专用设备运输物料；

(4) 取样检验；

(5) 裁油毡、纸，清除杂物；

(6) 涂刷底油、浇油、铺毡、压实等；

(7) 冷贴高分子防水卷材；

(8) 涂聚氨酯膜；

(9) 做蓄水试验；

(10) 处理一般事故。

2) 防渗墙工

使用钻凿机械对松散、软弱坝基及其他工程部位建造防渗墙及桩柱的人员。从事的工作主要包括：

(1) 操作成槽机械、混凝土拌和机及泥浆泵，对防渗、防冲墙体造孔、成槽、混凝土浇筑；

(2) 加工制作造孔、成槽配套工具；

(3) 进行槽孔开挖故障处理；

(4) 测量混凝土配合比、坍落度、泥浆黏度、比重含砂量；

(5) 进行泥浆回收与处理；

(6) 维护保养设备，排除使用故障。

3) 其他工工程防水人员

指未列入以上两项的工程防水人员。

7. 装饰装修人员

使用工具、机具或手工，按设计要求对建筑物(古建筑除外)、构筑物及飞机、车、船等表面及内部空间进行装饰装修施工的人员。

1) 装饰装修工

按设计要求，使用工具、机具或手工，对建筑物(古建筑除外)、构筑物及飞机、车、船等表面和内部空间进行喷、涂、抹、镶贴、制作、安装和艺术处理等装饰施工的人员，具体工种包括抹灰工、建筑油漆工、金属门窗工等工种。从事的工作主要包括：

(1) 对外表面及内部空间六面体进行清理养护;
(2) 运用喷、涂、巾裱、镶贴、铺设等手段,对外表面及内部空间六面体进行装饰施工;
(3) 制作、安装窗、构件、装饰结构等;
(4) 进行内部空间分隔施工;
(5) 进行吊顶和安装灯饰施工;
(6) 安装玻璃幕墙;
(7) 进行模拟自然外景、声音效果、气味效果施工等。

2) 室内成套设施装饰工

使用机具和手工,对室内成套设施进行安装、调试的人员。从事的工作主要包括:
(1) 安装、调试厨房设备;
(2) 安装、调试卫生洁具;
(3) 安装调试防火、防盗、监控设施。

3) 其他装饰装修人员

指未列入以上的装饰装修人员。

8. 古建筑修建人员

采用传统工艺、对建筑物、构件、墙体等部位进行仿古施工、制作、复制原形及对古建筑维护、修复的人员。本小类包括下列职业:

1) 古建筑结构施工

采用传统工艺,对建筑物、构件、墙体等部位进行仿古施工、制作、复制原形及对古建筑维护、修复的人员,具体工种包括古建瓦工、古建木土、古建石工等工种。从事的工作主要包括:
(1) 按照施工图进行结构施工;
(2) 用砖、木、石等材料雕花饰、字体等;
(3) 安装花饰;
(4) 铺设琉璃瓦、小青瓦等;
(5) 制作、安装木制结构和构件;
(6) 进行顶架换梁、大木加固等。

2) 古建筑装饰工

使用机具或手工,对古建筑、仿古建筑物、门窗的表面进行涂抹、镶贴及安装装饰材料的人员,具体工种包括古建油漆工、古建彩画工等工种。从事的工作主要包括:
(1) 对古建筑、仿古建筑物、门窗的表面进行涂抹、镶贴及安装装饰材料;
(2) 调配普通油漆,刷油漆,打底罩面,烫硬蜡,擦软蜡等;
(3) 调配、使用腻子;
(4) 安装玻璃;
(5) 配制材料,做地仗、灰线;
(6) 进行桐油大漆、涂料罩面;
(7) 拉金胶,贴金,扣油提地;
(8) 进行油饰、粉刷、裱糊;
(9) 进行雕刻、堆字、刻字、扫金、扫绿、扫青;
(10) 调制彩画颜料;
(11) 绘制各代彩画。

3）其他古建筑修建人员

指未列入以上的古建筑修建人员。

9．筑路、养护、维修人员

使用机械设备、进行路基、路面、桥梁、隧道及附属设施施工、维修、养护的人员。

本小类包括下列职业：

1）筑路机械操作工

操作筑路施工机械等，进行路基、路面、桥隧、管涵等修筑的人员。包括沥青混凝土摊铺机操作工、管涵顶进工、公路重油沥青操作工、路基工、压路机操作工、水泥混凝土摊铺机操作工等工种。从事的工作主要包括：

（1）操作专用机械，按施工图纸进行路基成型作业；

（2）使用设备，进行重油沥青的抽压、泵送和装卸；

（3）操作沥青混凝土摊铺机，铺筑沥青混凝土路面；

（4）操作专用设备，铺筑水泥混凝土路面；

（5）使用钻孔工具，对灌注桩进行钻孔；

（6）采用盾构、箱涵等方法，进行顶进施工；

（7）操作混凝土浇捣、支撑等设备、机具，进行桥梁、涵洞、隧道内衬施工；

（8）判断、识别通信、灯光信号，指挥道路施工。

2）筑路、养护工

使用工具、设备，对路基、路面、桥隧、管涵等进行修筑及养护的人员，具体工种包括筑路工、道路养护工、道路巡视工、公路养护工、桥梁养护工、隧道养护工、乳化沥青工、公路标志（标线）工、路基工、路面工、压路机操作工、机场场道维修工等。从事的工作主要包括：

（1）进行路基成型作业；

（2）治理翻浆、预防水毁、防雪防砂，清理滑坍；

（3）挂线、冲筋；

（4）制作公路、道路标志及路面标线；

（5）利用仪器、人工等方法监测、巡视道路、桥梁、隧道状况，填写记录；

（6）对沥青混凝土、水泥混凝土等路面进行维护、保养及修补；

（7）使用机械设备，排除路障，并对损坏部位进行修复；

（8）对路、桥、隧等进行维护、抢修、加固；

（9）进行桥梁、隧道中金属构件的防锈、除锈；

（10）测定隧道内一氧化碳、烟雾等有害气体的浓度；

（11）配制路面、桥面等接缝的填缝料；

（12）铺筑方砖、石板路面；

（13）判断、识别通信、灯光信号，指挥道路施工。

3）线桥专用机械操作工

操作铺轨机、架桥机、大型线路机械、轨道车等设备，进行铺轨、架桥、运输和线路维护等作业的人员，具体工种包括铺轨机司机、大型线路机械司机、轨道车司机等。从事的工作主要包括：

（1）确认调度命令，识别和使用有关信号；

（2）操作铺轨机，进行吊装、铺轨作业；

(3) 操作架桥机运梁、架梁；

(4) 操作大型线路机械和使用激光准直装置，养护线路；

(5) 操作掘进机械开挖隧道；

(6) 操作轨道车，运输工程材料；

(7) 判断、处理机械、供油、电路、液压系统和制动、安全装置故障并例行保养。

4) 铁道线路工

操作机械设备和使用工具，进行铁路线路、附属设施的施工、大修、中修、维修、看管的人员，具体工种包括线路工、路基工等。从事的工作主要包括：

(1) 确认工程材料的规格、种类、作用和数量；

(2) 拼组轨排，铺设轨道、轨排、道岔，进行起道、捣固、巡检、养护作业；

(3) 更换轨枕、钢轨，线路起道、拨道、改道、清筛、捣固和垫碴，安装防爬设备；

(4) 整治线路水、沙、雪害及翻浆冒泥等病害；

(5) 看守道口及道口补修作业；

(6) 建筑路基、路堤、路堑、拱、涵、排水沟及挡土墙、护坡等附属工程；

(7) 采用换填、铺设封闭层等方法整治路基病害，爆破、清理危石；

(8) 操作起拨道机、捣固机、空压机等机械设备，处理和排除线路使用中的一般故障。

5) 桥梁工

使用工具、设备，进行铁路桥梁工程施工、维修和改建的人员，具体工种包括桥梁吊装工、铁路桥梁工、桥隧工。从事的工作主要包括：

(1) 按施工图和技术规范要求的种类、规格、数量配备材料和机具设备；

(2) 操作钻机，根据不同地层及工程地质、石质条件，选用钻孔方法和工艺进行桥基钻孔；

(3) 指挥抛锚，固定定位船，下围囹，安装钢围堰、钢沉井等复杂结构；

(4) 打拔桩柱对大型管柱实行振动下沉；

(5) 清理支座，涂油，调整、更换支座，铆螺栓；

(6) 制作、拼装钢结构和主模板，加工、绑扎钢筋，灌注混凝土梁、构件；

(7) 绑扎木、竹、钢脚手架，安装绞盘，立扒杆、穿挂滑车组，起吊构件；

(8) 使用吊装机械架梁、移梁、落梁、换梁；

(9) 对钢结构表面进行除锈、涂油、维护；

(10) 维修、养护营运中桥梁设施；

(11) 处理桥梁工程专用机械、维修机械故障并例行保养。

6) 隧道工

操作机械设备和使用工具，进行隧道工程施工，维修、改建的人员，具体工种包括隧道工、铁路隧道工。从事的工作主要包括：

(1) 按施工图和技术规范要求的种类、规格、数量配备材料；

(2) 修筑隧道进出口、边坡、仰坡；

(3) 使用工具或操作机械钻孔、装药、爆破；

(4) 检查、处理危石、瞎炮、塌方、涌水及通风；

(5) 根据地质情况和技术要求进行初期支护；

(6) 除去碎渣，用人力或振动机械进行模板定位、安装、灌注混凝土；

(7) 安装、维护临时管道、线路；

(8) 检底、铺底；

(9) 对营运线路隧道进行日常维修、改建；

(10) 处理隧道工程专用机械故障并例行保养。

7) 铁路舟桥工

操作机械设备和使用工具进行铁路栈桥、舟桥、轮渡的结构拼装、架设、拆除施工的人员，具体工种包括舟桥起重工、舟桥组装工、轮渡组装工、栈桥组装工、机动舟驾驶员。从事的工作主要包括：

(1) 按施工图配备结构件材料，确认专用器材型号、规格、作用、数量；

(2) 操作起重机械，对构件及设备起吊、移位；

(3) 拼组、连接、分解舟桥、轮渡结构件；

(4) 架设栈桥升降塔、活动墩、栈桥梁、桥面等；

(5) 拆除舟桥、轮渡、栈桥结构件并分类堆放、整理、保养；

(6) 驾驶机动舟进行栈桥、舟桥、轮渡的架设、拼装、拆除；

(7) 保养设备，处理故障。

8) 道岔制修工

操作压力机等机械设备和使用工具，制造、组装、修理铁路道岔的人员，具体工种包括道岔钳工。从事的工作主要包括：

(1) 按道岔图确认道岔的种类、型号及制造材料的名称、代号和性能，配备制造材料；

(2) 锯切断面钢轨和型材；

(3) 制作胎具、样板，下料、调直、顶弯；

(4) 修磨、组装锰钢辙岔；

(5) 组装护轨、尖轨、基本轨和交分、渡线、钝角、锐角道岔，可动心轨，钢轨伸缩器及道岔配件；

(6) 修理、配置道岔紧固件、零部件；

(7) 进行道岔标记、涂油、整理。

9) 枕木处理工

使用工具和空压机、真空泵等设备，对铁路枕木用木材进行防腐处理的人员，具体工种包括：浸注处理工、木材防腐整备工。从事的工作主要包括：

(1) 确认、识别木材的树种、树质、缺陷、用途、规格；

(2) 操作刻痕机、捆头机、分类机、扒皮机进行木材半成品加工、整备；

(3) 配制木材防腐剂；

(4) 操作空压机、真空泵、作业罐等机械设备进行木材防腐；

(5) 检查、评估木材防腐浸注质量。

10) 其他筑路、养护、维修人员

指未列入以上几项的筑路、养护、维修人员。

10. 工程设备安装人员

使用工具、机具、检测仪器，进行工程设备、构件安装、调试、维修的人员。

本小类包括下列职业：

1) 机械设备安装工

使用工具、机具，进行工程机械设备安装，构件制作、安装、调试的人员，具体工种包括工程安装钳工、管道工、通风工、安装起重工、起重机安装工、挖掘机安装工。从事的工作主要包括：

(1) 使用机具，安装、调试工程机械设备；

(2) 使用机具、设备，加工、安装管道、管网；

(3) 操作机具、设备，加工、制作通风部件；

(4) 使用机具，安装通风设备；

(5) 使用机具，安装调试空调设备；

(6) 使用机具，安装、维修工程机械设备。

2) 电器设备安装工

使用机具、检测仪器，对电气设备、装置进行安装、调试的人员，具体工种包括工程电气设备安装调试工、电梯安装维修工、煤矿电气安装工。从事的工作主要包括：

(1) 使用机具、检测仪器，安装、调试电气设备；

(2) 使用机具，敷设线缆；

(3) 使用工具，安装、调试仪器、仪表；

(4) 安装、调试、维修电梯；

(5) 安装、调试照明系统；

(6) 使用仪器、仪表，监测电气设备运行状况，排除故障；

(7) 处理触电等紧急事故；

(8) 填写电气设备安装、调试记录、报表。

3) 管工

操作专用机械设备，进行金属及非金属管子加工和管路安装、调试、维护与修理的人员，具体工种包括电厂管道安装工、下水道工、下水道养护工、管子修理工、管工。从事的工作主要包括：

(1) 安装调整工装设备，搬运装卸工件；

(2) 对金属或非金属单管进行切断套扣、攻丝、煨弯；

(3) 敷设和安装各种用途的管路；

(4) 维护、保养、更新改造和修理管道，排除跑、冒、滴、漏故障；

(5) 维护保养工具、量具和起重设备，排除使用过程中出现的故障。

4) 其他工程设备安装人员

指未列入以上的工程设备安装人员。

11. 其他工程施工人员

1) 中小型施工机械操作工

操作中小型施工机械，进行工程施工及辅助施工的人员，具体工种包括中小型建筑机械操作工、打桩工、平地机操作工、中小型机械操作工、卷扬机操作工。从事的工作主要包括：

(1) 操作翻斗车等运输机械，运送混凝土；

(2) 操作卷扬机等机械、设备，选择吊绳、索具、吊点，运送、提升原材料、物件；

(3) 敷设缆风绳、埋设地锚；

(4) 安装起重滑轮，编接、穿绕绳索、固定端绳；

(5) 操作打桩机等施工机械，进行施工；

(6) 分析机械施工事故并提出防范措施；

(7) 对所操作机械进行维护保养及故障判断、排除；

（8）处理触电、重物打击等紧急事故；

（9）填写施工、操作记录表。

2）港口维护工

从事港口、码头设施的加固、修缮、除尘及水面污染物清除的人员，具体工种包括码头维修工、水面防污工、港口除尘操作工。从事的工作主要包括：

（1）对港口、码头水上设施进行加固、修缮和更换、安装护舷。

（2）操作除尘设备，清除油港水面污染。

（3）使用干、湿除尘设备，防止和清除煤炭等货物在港口装卸过程中产生的粉尘污染。

（4）维护保养常用设备及工具。

（5）编制码头、港口修缮、加固施工项目的预算及施工工艺，提出改进表面防污及港口除尘工艺的措施。

（6）对安装的除尘设备进行技术质量鉴定。

3）航道航务施工工

从事水上、水下爆破，敷设和拆移排泥管线，并进行水下打桩、沙石料抛填及扎笼扎排、沉排抛石等施工作业的人员，具体工程包括疏浚管线工、航道爆破工、扎笼及扎排工、沉排及抛石土、水上打桩工、水上抛填工。从事的工作主要包括：

（1）使用爆破材料，采用激发方法，进行水下爆破。

（2）使用水陆起重设备及专用工具，敷设水上水下和陆地排泥管线，拆移管线，维护保养围埝建筑，平整吹填区。

（3）使用起重、打桩工具和船机设备，进行水上打桩、起重吊运。

（4）使用船舶机具：进行水工工程的沙石料抛填；

（5）使用专用工具，选择韧性材料，扎制不同尺度的笼和柴排。

（6）使用定位船和定位仪器，将柴排调置于设计位置进行抛石沉放，保护堤岸及河床，在沉排上筑坝，通过截流导流航道。

4）起重装卸机械操作工

从事起重、装卸、吊运等机械设备操作的人员，具体工种包括天车工、起重机驾驶员、蒸汽起重机司机、蒸汽起重机副司机、装卸车司机、内燃装卸机械司机、电动装卸机械司机、流体装卸操作工、叉车司机、桥式起重机操作工、汽车起重机操作工、缆索起重机操作工、装载机司机。从事的工作主要包括：

（1）调整、运行起重、装卸、吊运机械设备，准备、调整吊具。

（2）操作天车、龙门吊机机械设备，对原材料、产品、工件等进行起吊移动。

（3）操作叉车，装卸、位移物品和机械设备。

（4）操作专用散装、散卸机械设备，装卸散装物品。

（5）操作塔式缆索等起重机械设备，将构件或重物移动到指定的位置。

（6）维护保养夹具、量具、吊具及吊运设备等，排除使用过程中出现的一般故障。

5）起重工

使用工具、装置或指挥吊车，将重物吊、移至指定位置的人员，包括安装起重工、公路运输起重工、水上起重工。从事的工作主要包括：

（1）根据物体质量、大小、形状及场地情况，分析计算起吊数据，选择机具、索具、搭设起重装置和吊移重物的方式；

(2) 准备起重机具、索具、卡具，搭设、拆卸人字架、三脚架、脚手架等起重和防护装置；

(3) 使用滑轮组、滑车千斤顶、滚杠、枕木、撬棒等机具、工具和索具，吊放、移动重物到指定位置；

(4) 掌握起重机械性能，选择吊车起重方式，绑扎、挂钩，使用手势、旗语、口哨指挥吊车起吊重物；

(5) 使用工具、索具，将重物捆扎固定在运输机械上；

(6) 使用工具拆装起重机臂杆。

6) 输送机操作工

操作胶带、链式等带式运输机，运送散状物料的人员，包括皮带输送机操作工、运输带粘接、输送机操作工、钢缆皮带操作工、链式运输机操作工、给煤机操作工。从事的工作主要包括：

(1) 开停胶带、钢缆胶带、链式、板式、刮板式、螺旋式运输机等运料设备；

(2) 检查运行情况，处理跑偏等故障，更换托辊、架辊、链板等；

(3) 操作给料设备或使用手动装置往运输机上放料；

(4) 操作放料车、移动式皮带或使用分料板等手动装置往料仓放料，掌握储料情况；

(5) 操作附属的小型除尘器、水泵等设备；

(6) 使用工具粘接、铆接、卡接胶带；

(7) 清扫落料，处理故障，维护保养设备。

7) 铁路通信工

从事铁路通信线路施工、设备安装和维修的人员。它包括通信工工种。从事的工作主要包括：

(1) 检测、鉴定铁路通信设备和配件质量；

(2) 安装、调试、开通、维护自动和人工交换机及载波机、机架；

(3) 敷设、接续和测试通信光、电缆；

(4) 安装、调试、维护配电盘、直流器、光端机、中继器等通信设备和附属装置；

(5) 检测、调整施工或管区通信设备电路工作状态；

(6) 判断、维护通信设备及附属装置工作性能和处理故障；

(7) 安装、连接、试验蓄电池组，配置蓄电池电解消液；

(8) 维护保养通信设备、专用工具、仪器仪表等。

8) 铁路信号工

从事铁路、地铁信号设备安装施工和设备维护的人员。主要工种有：信号工、地铁列车信号工、地铁行车监控信号工。从事的工作主要包括：

(1) 鉴别铁路地铁信号设备和配件质量；

(2) 敷设、连续信号电缆；

(3) 安装、试验轨道电路；

(4) 配线、焊接、安装和检测操作引入装置；

(5) 安装、测试信号部件；

(6) 安装、调试、维修电气集中、调试集中、调度监督、自动闭塞、半自动闭塞等设备；

(7) 安装、调试、维修车站信号、区间信号、机车信号、驼峰信号、道口信号等设备；

(8) 安装、调试、维修信号保护装置；

(10) 检测设备性能,分析处理设备故障。

9) 焊工

操作焊接和气割设备,进行金属工件的焊接或切割成型的人员。

从事的工作主要包括:

(1) 安装、调整焊接、切割设备及工艺装备;

(2) 操作焊接设备,进行焊接;

(3) 使用特殊焊条、焊接设备和工具,进行铸铁、铜、铝、不锈钢等材质的管、板、杆及线材的焊接;

(4) 使用气割机械设备或手工工具,进行金属工件的直线、坡口和不规则线口的切割;

(5) 维护保养设备及工艺装备,排除使用过程中出现的一般故障。

下列工种归入本职业:

电焊工、气焊工、盐浴炉钎焊工、化工检修焊工、钢轨焊接工、地铁(轻轨)钢轨焊接工、手工气割工、数控气焊切割机操作工,等离子切割工,钛设备焊工,氢气钎焊工。

10) 工程测量工

使用测量仪器、工具,按工程的阶段要求,进行工程测量的人员。从事的工作主要包括:

(1) 进行工程测量中控制点的选点和埋石;

(2) 操作测量仪器,进行工程建设施工放样、工业与民用建筑施工测量、线型工程测量、桥梁工程测量、地下工程施工测量、水利工程测量、地质测量、地震测量、矿山井下测量、建筑物形变测量等专项测量中的观测、记簿以及工程地形图的测绘;

(3) 进行外业观测成果资料整理、概算,或将外业地形图绘制成地形原图;

(4) 检验测量成果资料,提供测量数据和测量图件;

(5) 维护保养测量仪器、工具。

下列工种归入本职业:测量放线工,疏浚测量工,航道测量工,工程测量工,控制测量工,地形测量工,矿山测量工。

12. 其他生产、运输设备操作人员及有关人员

操作机泵、排输水及其他物体的人员。本小类包括下列职业:

1) 机泵操作员

操作机泵、排输水及其他物体的人员。从事的工作主要包括:

(1) 操作离心泵、柱塞泵、真空泵、螺杆泵等机泵或泵站机组,排输液体或抽真空;

(2) 监测仪表,记录数据,并调整流量、压力、温度等;

(3) 手工或操作机械,开关调整机泵附属管道闸阀;

(4) 检查、维护设备及管道闸阀;

(5) 管理附属的沉淀池、旋流池、容器;

(6) 使用加药设施加药,调整水质;

(7) 分析、整理运行记录。

下列工种归入本职业:泵站运行工,泵站操作工,化产泵工,司泵工,燃油输送工,矿井泵工,给水泵值班员,循环水泵值班员,凝结水泵值班员,工业水泵值班员,排污泵值班员,灰浆泵值班员、水厂值班员,海水泵值班员,雨水泵值班员。

2) 简单体力劳动者

#### 4.3.2.2 施工员工种案例介绍

本书中选取的施工员工种案例介绍如下：

1. 砌筑工

砌筑工是使用手工工具或机械，利用砂浆或其他黏合材料，按建（构）筑物设计技术规范要求，将砖、石、砌块，砌铺成各种形状的砌体和屋面铺、挂瓦的建筑工程施工人员。砌筑工要掌握建筑制图的基本知识，看懂较复杂的施工图，熟悉砖石结构和抗震构造的一般知识，掌握施工测量放线的基本知识。同时也要掌握砖石基础的砌筑与空斗墙、空心砖墙、空心砌块的砌筑，了解地面砖铺砌和乱石路面的铺筑。

2. 钢筋工

钢筋工是指使用工具及机械，对钢筋进行除锈、调直、连接、切断、成型、安装钢筋骨架的人员。该职业共设四个等级，分别为：初级（国家职业资格五级）、中级（国家职业资格四级）、高级（国家职业资格三级）、技师（国家职业资格二级）。该职业要求从业者手指、手臂灵活，具有较好的身体素质。

3. 架子工

架子工是指使用搭设工具，将钢管、夹具和其他材料搭设成操作平台、安全栏杆、井架、吊篮架、支撑架等，且能正确拆除的人员。该职业共设三个等级，分别为：初级（国家职业资格五级）、中级（国家职业资格四级）、高级（国家职业资格三级）。该职业要求从业者具有一定的学习能力、计算能力，有较强的空间感，有准确的分析推理判断能力，手指、手臂、腿脚灵活，动作协调，身体健康，能适应高空作业。

4. 混凝土工

混凝土工是指将混凝土浇筑成构件、建（构）筑物的人员。混凝土工是建筑施工企业中的主要工种之一。其主要工作内容包括混凝土材料的配制、搅拌、浇筑和养护。其主要工作范围包括混凝土材料及配制；混凝土工程常用机械的使用和维护；混凝土的浇筑和养护；混凝土质量控制及验收；混凝土工程施工的安全与防护等。混凝土工等级包括初级、中级、高级三个等级。

5. 测量放线工

测量放线工是指利用测量仪器和工具测量建筑物的平面位置和高程，并按施工图放实样、确定平面尺寸的人员。测量放线工要具备的基本知识及能力包括：职业道德基本知识、执业守则要求、法律与法规相关知识；基础理论知识如工程识图的基本知识、工程构造的基本知识；专业基础知识如工程测量的基本知识、测量误差的基本理论知识；专业知识如精密水准仪、经纬仪、全站仪（光电测距仪）、平板仪的基本性能、构造及使用，控制及施工测量，建筑物变形观测，地形图测绘；专业相关知识如施工测量的法规和管理工作、高新科技在施工测量中的应用；质量管理知识如企业质量方针、岗位质量要求、岗位的质量保证措施与责任；安全文明生产与环境保护知识如现场文明生产要求、安全操作与劳动保护知识、环境保护知识。

6. 木工

木工是为业主完成房屋装修过程中的各项木质工程的工种。木工设四个技术等级，分别为初级（国家职业资格五级）、中级（国家职业资格四级）、高级（国家职业资格三级）、技师（国家职业资格二级）。木工在建筑工程施工中主要通过识读施工图后按设计要求进行木材的选料、打磨、测量、切割、钻孔、五金连接、组合拼装等工作。其一般要求为能熟练识读木结构施工图，掌握木料下料单和料牌的编制，掌握木材选料、打磨、测量、切割、钻孔、五金连接、组合拼装的技能，掌握木结构工程质量验收标准。

7. 抹灰工

抹灰工是指从事抹灰工程的人员，即将各种砂浆、装饰性水泥石子浆等涂抹在建筑物的墙面、地面、顶棚等表面上的施工人员。抹灰工设四个技术等级，分别为初级（国家职业资格五级）、中级（国家职业资格四级）、高级（国家职业资格三级）、技师（国家职业资格二级）。抹灰工程是工业与民用建筑装饰装修分部工程中最重要的部分。抹灰和饰面安装工程能保护主体结构，使其免受侵蚀，提高主体结构的耐久性，还能增强美观、舒适的效果，是建筑艺术表现的重要部分。按国家标准规定，抹灰工程包括一般抹灰、装饰抹灰和清水砌体等三个分项工程。

# 5 建筑施工学习情境开发

## 5.1 学习情境方案开发

### 5.1.1 学习情境相关概念

1. 学习情境理论及概念

情境认知论(Situated Cognition Theory),最早由 Brown,Collions 和 Duguid 提出。情境认知观认为,知识发展与应用的活动是不能与学习和认知分离的,也不是一种辅助作用,更不是中立的。它是所学内容的一个有机组成部分。情境与活动共同产生了知识,学习和认知在根本上是情境化了的。学习在本质上是一个在特定情境中协商互动的过程。在知识观上,情境认知论认为,知识是一种动态的建构与组织,知识是个体与环境交互作用过程中建构的一种交互状态,是人类协调一系列行为适应动态发展变化环境的一种能力,所以知识的获得要联系具体的情境才能较好地掌握。人类知识的获得与积累来自于这种情境认识与情境记忆,其中包含感性上升到理性的运作过程。

根据情境认知论理论和德国基于工作过程学习领域课程开发的先进经验,我国著名职业教育研究专家姜大源、吴全全在《当代德国职业教育主流教学思想研究》一书中提出学习情境的概念:学习情境是组成学习领域课程方案的结构要素,是课程方案在职业学校学习过程中的具体化。换句话说,学习情境在职业的工作任务和行动过程的背景下,将学习领域中的目标表述和学习内容,进行教学论和方法论的转换,构成在学习领域框架内的"小型"主体学习单元。作为具体化了的学习领域,学习情境因学校、教师而异,具有范例性特征,是学习领域课程的具体化。实际上,学习领域是课程标准,学习情境则是实现学习领域能力目标的具体课程方案。

2. 学习情境标准

学习情境是在典型工作任务基础上,由教师设计用于学习的"情形"和"环境",是对典型工作任务进行"教学化"处理的结果。学习情境是根据完成典型工作任务的工作过程要素特性设计的。

1) 典型工作任务

(1) 在哪些不同的工作环境或岗位中进行?

(2) 有哪些重要的工作情境或服务对象?

(3) 有几个和什么样的重要部分工作任务?

(4) 有几个重要的(部分)工作成果或产品类型?

(5) 采用哪些显著不同的工具、工艺流程、系统或设备?

(6) 有哪些显著不同的劳动组织方式?

学习情境的设计与不同专业的内容特征有很大关系,为了有效创设学习情境,教师要充分调研,了解学生就业岗位所需要的典型工作任务,掌握工作过程所需的技术要求和行为规范。

在每一个学习情境中，学生学习任务的难度水平要考虑到任务的相互关联性，任务难度要适当，工作过程要完整，便于组织教学，教学工作量事宜等诸多因素。学习情境的划分方法可根据适量性、类别性、过程性、关联性等特征进行处理。

学习任务是学习情境的物化表现，它来源于企业生产或服务实践，能够建立起学习和工作的直接联系，但并不一定是企业真实工作任务的忠实再现。基于学习任务的学习情境设计要注意以下标准。

2）基于学习任务的学习情境设计

(1) 学习情境内容与课程标准密切相关，能覆盖课程标准中的专业能力要求。

(2) 背景真实，描述生动，能激发学生学习热情。

(3) 学生的任务明确、具体(含小组和个人)。

(4) 规定的完成期限实际可行。

(5) 为学生提供发展关键能力的机会。

(6) 在理想情况下，在学习情境的设计和评价过程中有企业参与。

(7) 学习活动采用多种组织形式(如小组学习、双人学习和个体学习)。

(8) 评价方法明确，给定等级标准。

(9) 难度恰当，学生经过努力可以获得成功。

(10) 有一定的时效性(至少在三年内可用)。

(11) 符合法律、社会道德和职业规范。

### 5.1.2 学习情境开发步骤

学习情境作为学习领域具体化步骤，学习情境的开发对于学习领域的开展具有重要作用。学习情境开发的流程如图 5-1 所示。

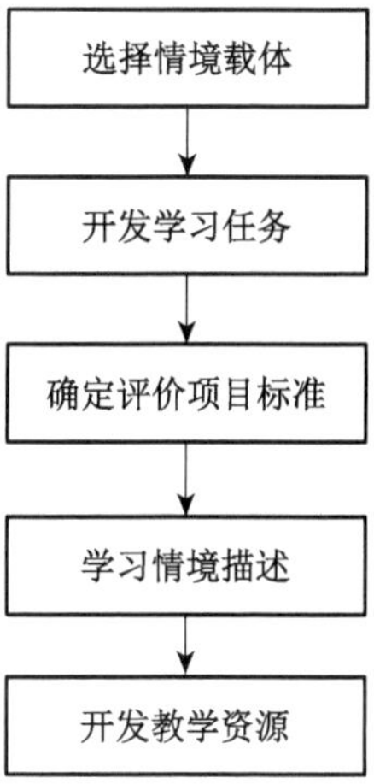

选择情境载体 → 开发学习任务 → 确定评价项目标准 → 学习情境描述 → 开发教学资源

图 5-1　学习情境开发

1. 选择情境载体

在选择情境载体前，教师要先到工作现场对实际工作情境进行分析，主动获取企业的项目或任务并对项目完成的工作过程、工作对象、使用工具、劳动组织方式、环境布局、人员安排做深入细致的研究，然后综合教学论、方法论原理以及学校现有的实践教学条件，从“学生中心”的角度出发，选择合适的载体，载体要在同一范畴内，要具有可迁移性、可替代性和可操作性。

学习情境设计的载体大体可归结为：项目、任务、案例、现象、设备、设施、活动产品、零部件、构件、材料、场地、系统、问题、对象、工位、类型、岗位、生产过程、运输工具、业务对象、类别等。

2. 开发学习任务

设计学习任务中所选的工作任务职业针对性强，工作(业务)流程清晰，遵循工作过程的内在逻辑，包含：对象、内容、手段、组织、产品、环境六要素。学生通过完成该工作任务能实现学习情境中的教学目标。

3. 确定评价项目标准

在确立评价项目标准时要突出职业能力培养是高职教育的目标和特点的总原则，建立职业素质与职业能力相结合、阶段考核与综合测评相结合，专业能力与社会、方法能力相结合，课内考核与技能竞赛相结合，课内任务与课外项目相结合，班组自评、互评与教师评价相结合的考核评价体系。在校外实训基地进行的项目要综合企业、社会评价。要关注学生的个性差异，注重过程考核和职业素质及职业能力的考核，用发展的眼光综合评价学生。

4. 学习情境描述

学习情境是学习领域的有形化、具体化，学习情境描述就是在学习领域的基础上进一步将学习领域的组成要素细化，一般通过使用学习情境描述表来实现，其所描述的内容应包括：学习领域名称、学习情境名称、学时、学习目标、主要内容、教学方法建议、教学评价方式、媒介、学生知识与能力要求、教师知识与能力要求等。

5. 开发教学资源

为配合学生自主学习，教师在设计各种教学方法和手段时还应开发相应的教学资源，然后还可建立一些配套使用的"项目、任务说明书"、引导文、案例库、技术支持库、素材库等。为帮助学生的任务引领式学习和项目学习提供必要的学习资源。

## 5.2 建筑施工情境开发案例

本工程是某工厂新建厂区的二层办公楼，结构形式为砖混结构，采用标准图，如图 5-2 所示。

现场地势高低不平，并有旧房屋拆除后的基础，自然地坪为 35.05～35.20 m，低于室外绝对标高。根据地质钻探资料，现场地下水位较低，故施工时基础底部不会出现地下水，可不考虑排水措施。基础持力层为粉质黏土。

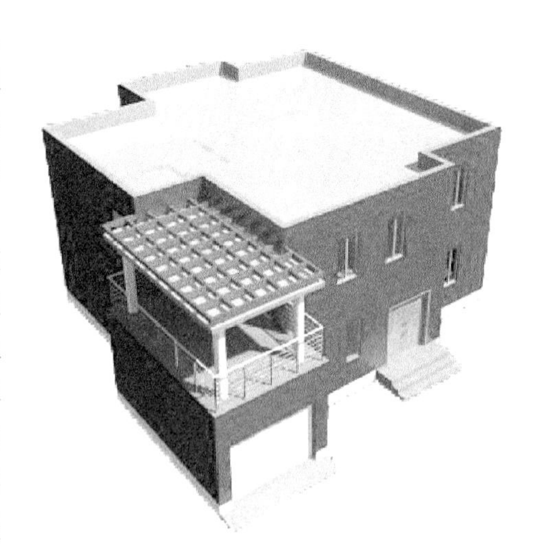

图 5-2　情境开发案例示意图

基础为刚性混凝土基础，天然地基。基底标高在 −2.20～−2.60 m 之间，−0.90 m 处有一道钢筋混凝土圈梁。建筑物按 6 度抗震设防设计，结构为墙承重，外墙为 390 mm 混凝土砌块墙，内墙为 240 mm 厚砖墙，隔断墙为120 mm厚木墙，单元四个大角、楼梯间、内外墙交接处、楼梯间两侧墙内均设构造柱。每层设置圈梁。楼盖为木楼盖，屋顶板为现浇加气混凝土屋面板，预制混凝土挑檐板。屋面防水做法为二毡三油。

外檐以清水墙为主，仅檐口、楼梯间、阳台栏板为干粘石面层。内檐除厨厕为 1.2 m 高水泥墙裙外，其余均为白灰抹面，120 mm 高踢脚板，顶板勾缝喷浆，楼面为 35 mm 豆石混凝土抹面，木门、钢窗。

在本工程作为情景教学的实施过程中，需要完成砖墙砌筑、钢筋笼的制作、搭设脚手架、拌制混凝土、浇筑混凝土、水准测量、高程测量、抹灰、木结构构件的制作和组装等工作，这需要砌筑工、钢筋工、架子工、混凝土工、测量放线工、木工和抹灰工的知识和技能。

## 5.3 砌筑工程学习情境设计

砌筑工程学习情境课程设计如表 5-1 所示：

表 5-1　　砌筑工程学习的课程设计内容

| 序列 | 学习情境 | 主　要　内　容 |
|---|---|---|
| 1 | 实心砖墙砌筑 | 通过本项目的学习学会L型(一顺一丁、三顺一丁、梅花丁)实心砖墙的砌筑 |
| 2 | 构造柱旁墙体砌筑 | 通过本项目学习学会构造柱与墙体之间如何砌筑马牙槎 |
| 3 | 砌块墙砌筑 | 了解混凝土小型砌块常见的规格尺寸,掌握其砌筑方法 |
| 4 | 框架填充墙砌筑 | 了解框架填充墙的一般规定,能砌完一简单填充墙 |
| 5 | 斜槎砌筑 | 掌握留槎的原因、要求,能正确进行斜槎、直槎的砌筑并进行质量检查 |
| 6 | 直槎砌筑 | |
| 7 | 门窗洞口的砌筑 | 1. 了解门窗的材质及类型;<br>2. 掌握门窗洞口的砌筑方法及技巧;<br>3. 能对门窗洞口的砌筑质量进行检查 |
| 8 | 砖过梁的砌筑 | 1. 了解过梁的相关概念;<br>2. 掌握砖过梁的砌筑方法及技巧;<br>3. 能对砖过梁的质量进行正确的检查与评价 |
| 9 | 空心砖墙的砌筑 | 1. 了解空心砖及空心砖墙的概念;<br>2. 掌握空心砖墙的砌筑工艺及流程;<br>3. 掌握空心砖墙砌筑质量的检查及评定 |

下面以实心砖墙砌筑、砖块墙砌筑、斜槎砌筑、门窗洞口砌筑学习情境为例详细说明。

### 5.3.1 实心砖墙砌筑学习情境设计

1. 学习目标

通过本项目的学习与训练,学会L型(一顺一丁、三顺一丁、梅花丁)实心砖墙的砌筑。

2. 情境创设

在5.2节的项目中,有一片L型实心砖墙需要工人砌筑,请帮助工人完成该工作。

表 5-2　　工程施工任务单

| 专业班组 | | 班长 | | 日期 | |
|---|---|---|---|---|---|
| 施工任务:砌筑L型实心砖墙(一顺一丁、三顺一丁、梅花丁) | | | | | |
| 检查意见: | | | | | |
| 签章: | | | | | |

3. 教学过程

1) 资讯

(1) 任务准备:使用前1～2 d浇水湿润,砂子(一般用细砂)一定要过筛。

(2) 任务分析:

① L 型实心砖墙的摆放(一顺一丁:图 5-3、图 5-4)。

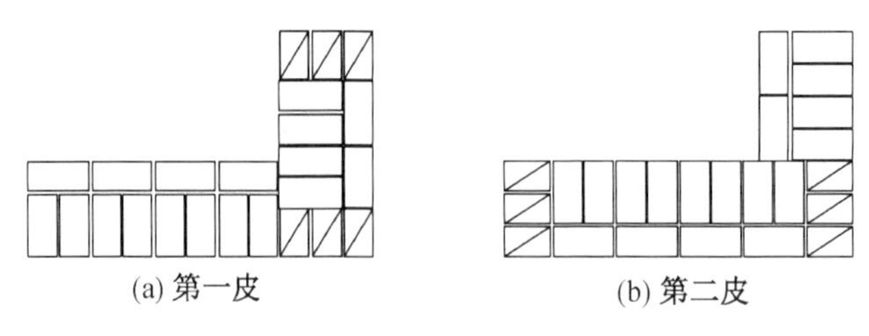

(a) 第一皮　　(b) 第二皮

图 5-3　“三七”墙砌法(基础)

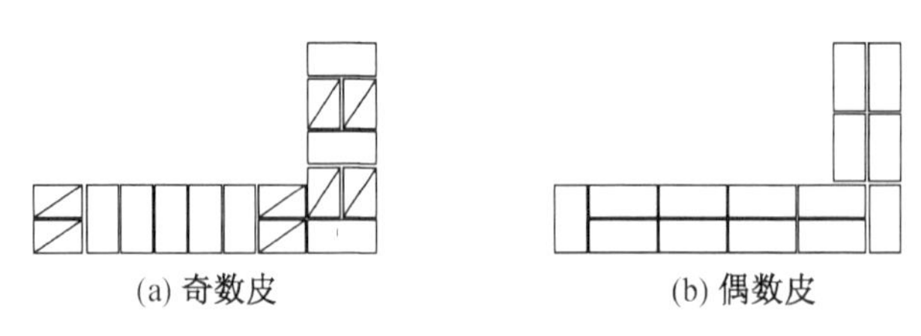

(a) 奇数皮　　(b) 偶数皮

图 5-4　“二四”墙砌法(墙身)

② L 型实心砖墙的摆放(三顺一丁:图 5-5、图 5-6)。

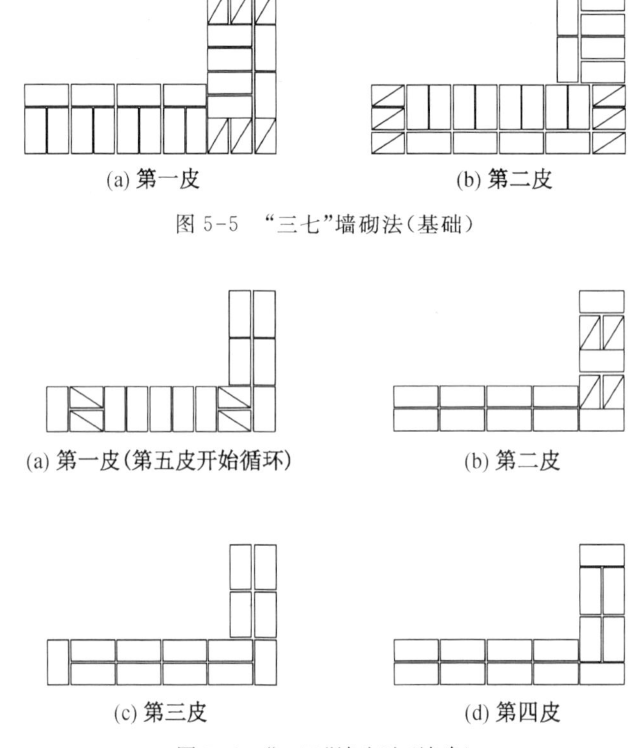

(a) 第一皮　　(b) 第二皮

图 5-5　“三七”墙砌法(基础)

(a) 第一皮(第五皮开始循环)　　(b) 第二皮

(c) 第三皮　　(d) 第四皮

图 5-6　“二四”墙砌法(墙身)

③ L 型实心砖墙的摆放(梅花丁:图 5-7)。

(3) 材料与工具:

① 材料:砖、砂、泥土。

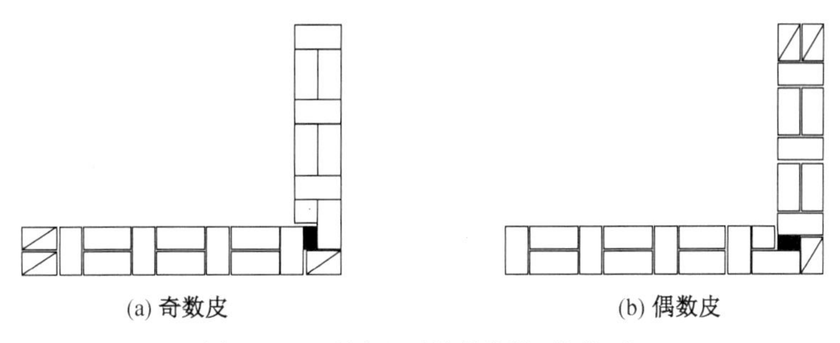


图 5-7　L 型实心砖墙的摆放(梅花丁)

a) 砖:建筑用的人造小型块材,分烧结砖(主要指黏土砖)和非烧结砖(灰砂砖、粉煤灰砖等),俗称砖头。

b) 砌筑砂浆:砂浆(又称灰浆)是砖石砌体的重要组成部分,由骨料、胶结料、掺和料和外加剂组成。一般分为水泥砂浆、混合砂浆、石灰砂浆三类。

② 工具:瓦刀(又称泥刀)、铁锹、塞尺、托线板、皮数杆、翻斗车、小水桶、扫把等。

2) 计划

按照收集资讯和决策过程,制定砌筑一面墙的计划,计划包括砌筑形式、操作工艺流程及安全交底。

3) 决策

检查施工前任务准备,决定施工时间、砌筑的主要流程等。

4) 实施

(1) 组砌形式:

① 一顺一丁:是一皮全部顺砖与一皮全部丁砖间隔砌成。上下皮竖缝相互错开 1/4 砖长。这种砌法效率较高,适用于砌一砖、一砖半及二砖墙。

② 三顺一丁:是三皮全部顺砖与一皮全部丁砖间隔砌成。上下皮顺砖间竖缝错开 1/2 砖长;上下皮顺砖与丁砖间竖缝错开 1/4 砖长。这种砌法因顺砖较多效率较高,适用于砌一砖、一砖半墙。

③ 梅花丁:梅花丁是每皮中丁砖与顺砖相隔,上皮丁砖坐中于下皮顺砖,上下皮间竖缝相互错开 1/4 长。这种砌法内外竖缝每皮都能避开,故整体性较好,灰缝整齐,比较美观,但砌筑效率较低。适用于砌一砖及一砖半墙。

(2) 砌筑操作工艺及要求:

① 抄平放线

砌墙前先在基础防潮层或楼面上定出各层标高,并用水泥砂浆或 C20 细石混凝土找平,然后根据龙门板上标志的轴线,弹出墙身轴线、边线及门窗洞口位置。为实训方便,找寻相对较平坦的地面,清扫干净即可。

② 摆砖。

③ 选砖。

④ 立皮数杆。

⑤ 砂浆的拌制。

⑥ 砌筑。

⑦ 勾缝,清扫墙面。

5) 检查(表 5-3)

表 5-3　　检查表

| 序列 | 测定项目 | 允许偏差/mm | 评　分　标　准 | 满分 | 评价 | | | 得分 |
|---|---|---|---|---|---|---|---|---|
| | | | | | 自评 | 互评 | 师评 | |
| 1 | 表面平整度 | 8 | 用靠尺和楔形塞尺检查 | 20 | | | | |
| 2 | 垂直度(<10 m) | 5 | 用拖线板检查 | 20 | | | | |
| 3 | 砖砌体上下错缝 | 立面无通缝 | 观察或用尺量检查 | 20 | | | | |
| 4 | 安全 | | 施工期间没有不戴或摘下安全帽现象,无事故 | 15 | | | | |
| 5 | 外观 | | 外观美观整洁大方 | 10 | | | | |
| 6 | 文明施工 | | 清理工具,清理场地等 | 15 | | | | |

6）评估(表 5-4)

表 5-4　　评估表

| 项目 | 高度 | 垂直度 | 平整度 | 灰缝饱满度 | 上下错缝 | 外观 | 个人表现 | 场地清理 | 安全 | 个人总分 |
|---|---|---|---|---|---|---|---|---|---|---|
| 分数 | 15 | 20 | 15 | 10 | 10 | 5 | 10 | 10 | 5 | 100 |
| 得分 | | | | | | | | | | |

## 5.3.2　砌块墙砌筑

1. 学习目标

掌握混凝土小型砌块的规格尺寸,砌筑方法。

2. 情境创设

在 5.2 节的项目中,有一片混凝土砌块墙需要工人砌筑,请帮助工人完成该工作。读图分析图纸信息,将图纸中 4 轴上,从Ⓑ轴到Ⓒ轴的墙(不包括柱子尺寸),在实训场地中砌成,高度约 1.7 m,长度见图纸,所实用砌块尺寸为小型混凝土砌块,主规格为 390 mm × 190 mm × 190 mm,如图 5-8 所示。

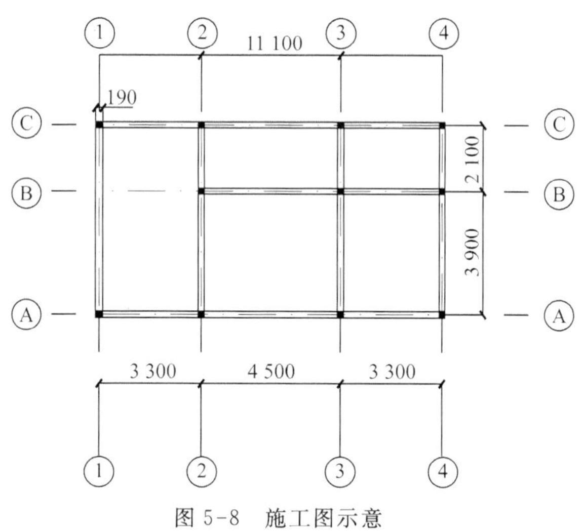

图 5-8　施工图示意

3. 教学过程

1）资讯

(1) 课前准备:砌块浇水,了解混凝土小型砌块的基本排列方式,根据所要求砌块的尺寸制作皮数杆。

(2) 分析任务:分析图纸信息,图纸有①②③④四个纵轴和ⒶⒷⒸ三个横轴,要求砌筑的墙体为④轴上Ⓑ轴到Ⓒ轴段,由图纸信息,该段墙长度为 2 100－190＝1 910 mm,结合砌块尺寸,该长度约为 4 块主规格砌块加辅助砌块,高度 1 700 mm同样是 4 块主规格砌块加辅助砌块。

砌体水平灰缝厚度和垂直灰缝宽度同砖墙砌筑，一般为 10 mm，但不应大于 12 mm，也不小于 8 mm。

砌块排列方式：砌块排列方式较简单，仅有全顺一种，砌块排列时，必须根据砌块尺寸和垂直灰缝的宽度和水平灰缝的厚度计算砌块砌筑皮数和排数，以保证砌体的尺寸，砌块排列应按设计要求，从基础面开始排列，尽可能采用主规格和大规格砌块，以提高台班产量。

砌块排列应对孔错缝搭砌，搭砌长度不应小于 90 mm，如果按错缝长度满足不了规定的要求，应采取压砌钢筋网片或设置拉结筋等措施，具体构造按设计规定。

(3) 材料与工具：

① 材料：砌块、砖、砂、泥土。

② 工具：瓦刀、铁锹、塞尺、托线板、翻斗车、小水桶、扫把等。

2) 计划

教师指导学生分组实施砌筑墙砌筑的具体方法和计划。

3) 决策

由教师组织学生对要完成的情景创设中的任务讨论决定砌块墙砌筑的规格尺寸，砌筑方法等。

4) 实施

(1) 清扫基层，做好砌筑准备。

(2) 铺砂浆，用瓦刀或配合摊灰尺铺平砂浆，砂浆层厚度控制在 1～2 mm(有配筋的水平灰缝 1.5～2.5 mm)，长度控制在一块砌块的范围内。

(3) 砌筑砌块时要防止偏斜及碰掉棱角，也要防止挤走已铺好的砂浆。

(4) 对墙体表面的平整度和垂直度，灰缝的均匀程度及砂浆饱满程度等，应随时检查并校正所发现的偏差。经常用托线板及水平尺检查砌体的垂直度和平整度，较小的偏差可利用瓦刀或撬棍拨正，较大的偏差应抬起后重新安放，同时要将原铺砂浆铲除后再重新铺设。

(5) 砌筑应从转角或定位处开始，内外墙同时砌筑，纵横墙交错搭接。

(6) 应逐块铺砌，采用满铺、满挤法。

5) 检查(表 5-5)

**表 5-5　　检查表**

| 项次 | 项目 | | 允许偏差/mm | 检验方法 | 检验数量 |
|---|---|---|---|---|---|
| 1 | 基础顶面和楼面标高 | | 15 | 用水平仪和尺检查 | 不应少于 5 处 |
| 2 | 表面平整度 | 清水墙，柱 | 5 | 用 2 m 靠尺和塞尺检查 | 有代表性自然间 10%，但不应小于 3 间，每间不应少于两处 |
| | | 混水墙，柱 | 8 | | |
| 3 | 门窗洞口高，宽(后塞口) | | 5 | 用尺检查 | 检验批洞口的 10%且不应少于 5 处 |
| 4 | 外墙上下窗口偏移 | | 20 | 以底层窗口为准，用经纬仪或吊线检查 | 检验批的 10%且不应少于 5 处 |
| 5 | 水平灰缝平直度 | 清水墙 | 7 | 拉 10 cm 线和尺检查 | 有代表性自然间 10%，但不应少于 3 间，每间不应少于两处 |
| | | 混水墙 | 10 | | |

6）评估

由教师组织学生对教学过程进行评价。本次课程采用项目教学法对砌块墙砌筑从实践层面有了深入了解，有助于帮助学生掌握项目教学法的实施步骤。

### 5.3.3 斜槎砌筑

1. 学习目标

通过本课程学习，了解留槎的原因、掌握留槎的要求，能够进行斜槎的砌筑，掌握斜槎质量的检查。

2. 情境创设

在5.2节的项目中，有一片内墙在现场施工时因为施工段布置或来不及完成一条整体的墙体，那么施工时应该怎么处理呢？大家经过讨论知道是要做留槎处理，留斜槎时斜槎长度不应小于高度的2/3。那么请大家考虑如果留斜槎时由于场地的限制，斜槎长度小于高度的2/3，那么这时候又应该如何处理呢？

3. 教学过程

1）资讯

（1）课前准备：砌筑前，基础墙或楼面清扫干净，洒水湿润，砖使用前提前1～2 d浇水湿润。准备拉结筋。

（2）规范要求：砖墙的转角处和交接处应同时砌筑。对不能同时砌筑而又必须留槎时，应砌成斜槎，斜槎长度不应小于砌筑高度的2/3。采用一顺一丁砌筑方式来编写，各个教师可以根据情况采用符合自己教学实际情况的组砌方法。

（3）材料及设备工具：

① 材料：实心砖、水泥、砂、拉结筋、掺和料等。

② 设备及工具：搅拌机、翻斗车、磅秤、手推车、胶皮管、筛子、铁锹、半截灰桶、托线板、线坠、楔形塞尺、水平尺、小白线、砖夹子、大铲、瓦刀等。

2）计划

教师组织学生对相关的具体过程进行详细计划，其中包括工程施工任务单（表5-6），施工流程的具体步骤等。

3）决策

教师组织学生进行讨论，对进行斜槎砌筑的工艺及流程进行决策。

4）实施

（1）摆砖：根据组砌形式进行摆砖，尽可能减少砍砖，并使砌体灰缝均匀，组砌得当。一般采用山丁檐跑的方式进行摆砖，即山墙方向摆丁砖，纵墙方向摆顺砖，砖与砖之间留10 mm缝隙。

（2）立皮数杆：皮数杆立在纵横墙的交接处。

（3）盘角、挂线：墙角是控制墙面横平竖直的主要依据，所以，一般砌筑时应先砌墙角，墙角砖层高度必须与皮数杆符合，做到“三皮一吊，五皮一靠”。墙角必须双向垂直。

（4）砌筑、放置拉结筋：按设计说明进行砌筑，砌筑过程中注意灰缝的饱满度、拉结筋放置的正确性、墙体的平整度和垂直度。

砖组砌方法参考图5-9所示。

表 5-6 **工程施工任务单**

| 组别 | | 组长 | | 日期 | 年 月 日 |
|---|---|---|---|---|---|
| 施工任务：直槎的砌筑（采用一顺一丁砌法，详见图 5-9） | | | | | |
| 检查意见： | | | | | |
| 签章： | | | | | |

温馨提示：

（1）施工人员进入现场必须戴好安全帽。

（2）不准站在墙顶上做画线、刮缝及清扫墙面或检查大角垂直等工作。

（3）砍砖时应面向墙面，工作完毕应将脚手板和砖墙上的碎砖、灰浆清扫干净，防止掉落伤人。

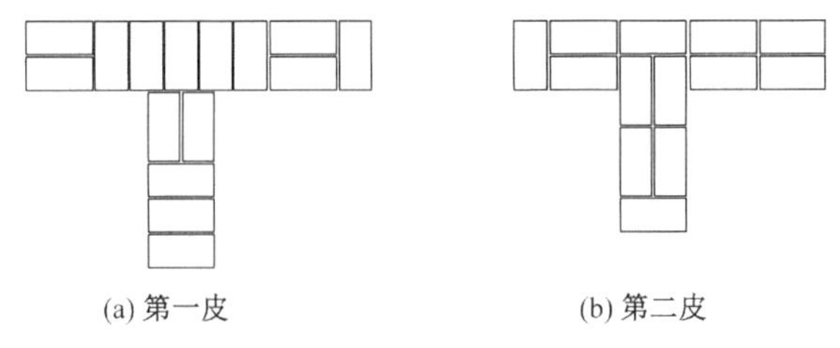


图 5-9　砖的组砌方法

5）检查及评估

由教师组织学生对其过程进行检查，其中分别包括学生自己检查打分，学生小组之间相互打分以及教师最后检查打分（表 5-7）。

表 5-7 **质量检查项目表**

| 序号 | 测定项目 | 允许偏差/mm | 评 分 标 准 | 满分 | 评价 | | | 得分 |
|---|---|---|---|---|---|---|---|---|
| | | | | | 自评 | 互评 | 师评 | |
| 1 | 表面平整度 | 8 | 用靠尺和楔形塞尺检查 | 20 | | | | |
| 2 | 垂直度（大于 10 m） | 5 | 用拖线板检查 | 20 | | | | |
| 3 | 砖砌体上下错缝 | 立面无通缝 | 观察或用尺量检查 | 10 | | | | |
| 4 | 斜槎长度 | $>2/3H$ | 用尺量检查 | 10 | | | | |
| 5 | 安全 | | 施工期间没有不戴或摘下安全帽现象，无事故 | 15 | | | | |
| 6 | 外观 | | 外观美观整洁大方 | 10 | | | | |
| 7 | 文明施工 | | 清理工具，清理场地等 | 15 | | | | |

注：自评占 30%，互评占总分 30%，师评占总分 40%。

## 5.3.4　门窗洞口的砌筑

1. 学习目标

通过本课程的学习，了解门窗的材质及类型，掌握门窗洞口的砌筑方法及技巧，学会对门窗洞口的砌筑质量进行检查。

2. 情境创设

在 5.2 节的项目中，实心砖墙上有门窗洞口并需要工人砌筑，请帮助工人完成该工作。

3. 教学过程

1）资讯

（1）任务准备：砖使用前1～2 d浇水湿润。制作皮数杆，宜用30 mm×40 mm木料制作，皮数杆上注明门窗洞口、木砖、拉结筋等的尺寸标高。

（2）知识准备：门指的是建筑物的出入口，也指安装在出入口能开关的装置。门在建筑上主要功能是维护、分隔和交通疏散作用，并兼有采光、通风和装饰作用。其中交通运输、安全疏散和防火规范决定了门洞口的宽度、位置和数量。

窗指房屋通风透气的装置。窗有通风、透气、采光等功能。

（3）施工准备：

① 材料：砖、水泥、砂、掺和料等。

② 设备及工具：搅拌机、翻斗车、磅秤、手推车、胶皮管、筛子、铁锹、半截灰桶、托线板、线坠、楔形塞尺、水平尺、小白线、砖夹子、大铲、瓦刀等。

③ 确定组砌方式及洞口样式。

本书采用一顺一丁砌式编写，各个教师可以根据情况采用符合自己教学实际情况的组砌方法。因为现在塑钢门窗是门窗的主流趋势，所以以塑钢门窗进行展开。

2）计划

由教师带领学生对前期完成的工作及后面详细的施工工艺及流程进行详细的计划。

3）决策

教师根据目前资讯中已经完成的知识准备、施工准备进行决策。包括对施工的流程、组砌方式、洞口样式等的决策。

4）实施

（1）抄平放线：砌墙前先在基础防潮层或楼面上定出各层标高，并用水泥砂浆或C20细石混凝土找平，然后弹出墙上轴线、边线及门窗洞口位置。

（2）摆砖：是指在放线的基面上按选定的组砌方式用干砖试摆。目的是为了校对所放出的门窗洞口等是否符合砖的模数，以尽可能减少砍砖，并使砌体灰缝均匀，组砌得当。

（3）立皮数杆：皮数杆是指在其上划有每皮砖和灰缝厚度，以及门窗洞口、过梁、楼板等高度位置的一种木制标杆。砌筑时用来控制墙体竖向尺寸及各部位构件的竖向标高，并保证灰缝厚度的均匀性。

（4）盘角、挂线：墙角是控制墙面横平竖直的主要依据，所以，一般砌筑时应先砌墙角，墙角砖层高度必须与皮数杆符合，做到“三皮一吊，五皮一靠”。墙角必须双向垂直。

墙角砌好后，即可挂小线，作为砌筑中间墙体的依据，以保证墙面平整，一般一砖墙、一砖半墙可用单面挂线。

（5）砌筑：按照设计说明进行砌筑，砌筑过程中注意灰缝饱满度、墙体的平整度和垂直度。洞口尺寸严格按照要求进行预留，不得私自更改，以防止出现门窗安放不上或缝隙过大的现象。

为避免顺墙面淌下的雨水聚集在窗洞下部或沿窗下框与窗洞之间的缝隙向室内渗流，也为了避免污染墙面，应在窗沿下靠室外一侧设置窗台。窗台有悬挑窗台、不悬挑窗台两种，常见的做法是将砖侧立斜砌，凸出外面约60 mm，然后在表面抹水泥砂浆或用水泥砂浆嵌缝，如图5-10所示。

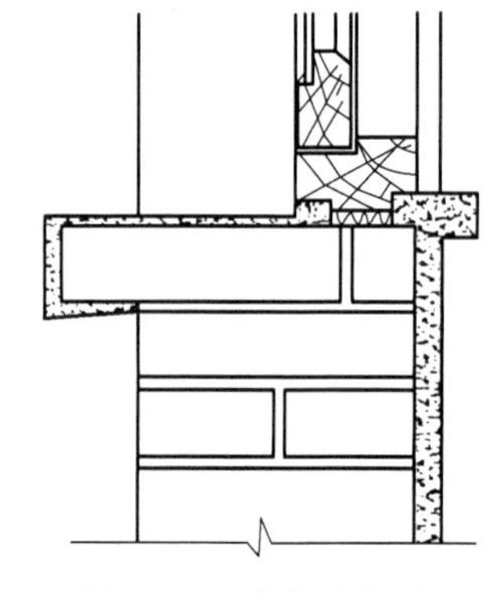

图5-10　窗台示意图

表 5-8　　　　　　　　　　　　**工程施工任务单**

| 组别 | | 组长 | | 日期 | 年 月 日 |
| --- | --- | --- | --- | --- | --- |
| 施工任务：门窗洞口的砌筑(详见立面图 5-11) | | | | | |
| 检查意见： | | | | | |
| 签章： | | | | | |

温馨提示：

(1) 施工人员进入现场必须戴好安全帽。

(2) 不准站在墙顶上做画线、刮缝及清扫墙面或检查大角垂直等工作。

(3) 砍砖时应面向墙面，工作完毕应将脚手板和砖墙上的碎砖、灰浆清扫干净，防止掉落伤人。

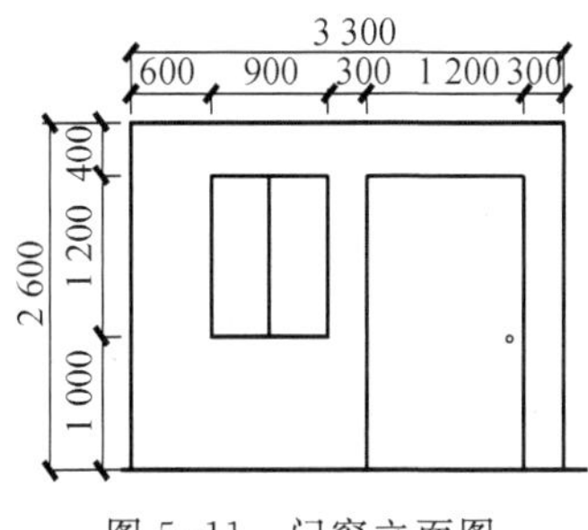


图 5-11　门窗立面图

5) 检查及评估

由教师组织学生对其过程进行检查，其中分别包括学生自己检查打分，学生小组之间相互打分以及教师最后检查打分(表 5-9)。

表 5-9　　　　　　　　　　　　**质量检查项目**

| 序号 | 测定项目 | 允许偏差/mm | 评分标准 | 满分 | 评价 | | | 得分 |
| --- | --- | --- | --- | --- | --- | --- | --- | --- |
| | | | | | 自评 | 互评 | 师评 | |
| 1 | 表面平整度 | 8 | 用靠尺和楔形塞尺检查 | 20 | | | | |
| 2 | 垂直度(≪10 m) | 5 | 用拖线板检查 | 20 | | | | |
| 3 | 砖砌体上下错缝 | 立面无通缝 | 观察或用尺量检查 | 10 | | | | |
| 4 | 洞口尺寸 | 2 | 用尺量检查 | 10 | | | | |
| 5 | 安全 | | 施工期间没有不戴或摘下安全帽现象，无事故 | 15 | | | | |
| 6 | 外观 | | 外观美观整洁大方 | 10 | | | | |
| 7 | 文明施工 | | 清理工具，清理场地等 | 15 | | | | |

注：自评占 30%，互评占总分 30%，师评占总分 40%。

## 5.4　钢筋工学习情境设计

钢筋工学习情境课程设计如表 5-10 所示。

表 5-10　　钢筋工学习情境设计表

| 序列 | 学习情境 | 主要内容 |
|---|---|---|
| 1 | 钢筋工程识图 | 了解构件配筋图的识读与配筋图的识读 |
| 2 | 钢筋的分类认识 | 分别了解钢筋的分类，钢筋的主要性能包括拉伸性能、冷弯性能和焊接性能，掌握钢筋保管的注意事项 |
| 3 | 弯制箍筋 | 学会对弯的箍筋调直，并掌握弯制不同角度箍筋的方法 |
| 4 | 柱的钢筋制作与绑扎 | 分别掌握底层柱、中间层柱和顶层柱的钢筋制作、绑扎的方法 |
| 5 | 梁的钢筋制作与绑扎 | 分别掌握单跨梁、多跨梁及悬臂梁的简单制作方法 |

下面以弯制箍筋、柱的钢筋制作与绑扎学习情境为例详细说明。

### 5.4.1　弯制箍筋

1. 学习目标

通过本课程的学习，掌握对弯的箍筋调直的方法及步骤，并要求同时掌握弯制不同角度箍筋的方法，学会弯制不同角度的箍筋。

2. 情境创设

在5.2节的项目中需要一批直径为6 mm的光圆钢筋用来制作梁的箍筋，而在钢筋工棚的一个角落里堆放着一大批多余的柱的箍筋，尺寸、规格刚好与要制作的箍筋的尺寸一致。这时，应将柱的箍筋调直，再弯制成梁的箍筋。请帮助工人完成该工作。

3. 教学过程

1）资讯

(1) 安全知识准备：

① 戴上劳保手套、安全帽、穿工作服、安全鞋。

② 钢筋工实训室内物品容易扎伤人，切勿玩耍、嬉戏。

③ 严格遵守安全技术操作规程的有关规定，不违章作业，不擅自离开工作岗位，不乱窜工作岗位。

④ 钢筋堆放要分散、稳当，规整堆放，避免叠压，防止倾倒和塌落。

⑤ 调直钢筋时，在机器运转中不得调整滚筒，严禁戴手套操作，调直到末端时，人员必须躲开，以防钢筋甩动伤人；手工调直时，抓牢手锤或扳手，不要失手。

⑥ 禁止用大步跨越或跳跃等方式进入施工现场。

⑦ 钢筋断料、配料、弯料等工作应在地面进行，严禁在高空操作。

⑧ 搬运钢筋时，应注意周围有无障碍物、架空电线和其他临时电器设备，防止钢筋回转时碰到电线而发生触电事故。

(2) 工具：选派学生到仓库领取工具包括调直扳手、手锤、已经弯制成形的箍筋等。

2）计划

教师组织学生对要调直的箍筋进行详细计划，包括箍筋调直的角度、具体流程等。

3）决策

钢筋调直的方法包括机械调直和人工调直，由教师根据箍筋调直的角度决定使用哪一种箍筋调直方法。

(1) 机械调直：钢厂里为了方便运输，常将中小型钢筋以圆盘的形式来制作，目前常采用的调直剪切机有 GT-4/8 和 GT-4/14。

(2) 人工调直：人工调直一般是对数量较少、直径较大的钢筋常采用的一种调直方法。对于直径小于 12 mm 的钢筋，可在钢筋调直台上用小锤敲直或利用调直台上卡盘和调直扳手将钢筋扳直，也可以利用绞磨车等调直。对于直径大于 12 mm 的粗钢筋，可用调直扳手来调直。

图 5-12　钢筋示意图

4) 实施(以调直 90°转角为例)(图 5-12)

(1) 将箍筋放在卡盘上的两个扳柱之间，使欲调直的转角处于第一扳柱的下象限的偏左方。

(2) 人站立在卡盘的前方(以不影响到操作为准)，左手扶住钢筋、托平(使箍筋始终处于同一水平面)，右手扳动调直扳手慢慢进行调直，并注意钢筋变形的位置，随时调整箍筋的位置，使钢筋的变形是调直钢筋的过程。

(3) 调直扳手与第一扳柱的距离 $d$ 应控制在 5 mm；若距离过大，易出现小突起后很难再完全调直。

(4) 若调直矫正过了，可以在反方向进行调直，直至转角大致调直为止，调直后如图 5-12 所示。

(5) 修整。将调直好的钢筋放在工作台上，左手扶住钢筋，使钢筋的弯曲面凸面向上，右手拿稳手锤轻轻敲击在钢筋的弯曲处，边敲击边转动钢筋，使钢筋逐渐得到矫直，当钢筋矫直一半时，从钢筋的另一半进行矫直，直到整根钢筋全部与平台面相接触，即矫直完成。

5) 检查及评价

组织学生进行自评、互评，同时以小组为单位进行讨论评价，最后由教师进行总评。

### 5.4.2　柱的制作与绑扎

1. 教学目标

通过本课程的学习，了解掌握柱的制作与绑扎方法与步骤，掌握柱的制作与绑扎的能力。

2. 情境创设

在 5.2 节的项目中要制作底层的构造柱钢筋骨架，由于处于底层，防止钢筋骨架倾倒，底层柱的纵向受力钢筋的下端要与锚固定长度。请帮助工人完成该工作。

3. 教学过程

1) 资讯

(1) 识图：表中简图为底层柱的钢筋配筋图，它是纵向受力钢筋和箍筋组成。纵向受力钢筋是 4 根直径为 12 mm 的Ⅱ级钢筋，锚固长度为 250 mm，箍筋的间距为 200 mm。

(2) 工具：钢筋、手摇扳、调直扳手、手锤、钢卷尺等。

(3) 安全知识准备：

① 进入实训室必须注意安全事项，戴上劳保手套；

② 钢筋工实训室内物品容易扎人，切勿玩耍、嬉戏；

③ 钢筋堆放要分散、稳当，规整堆放，避免叠压，防止倾倒和塌落；

④ 禁止用大步跨越或跳跃方式进入施工现场。

2) 计划

教师指导学生对绑扎的工艺流程制定详细计划，同时做好下料工作。

(1) 首先检查待下料钢筋的型号是否符合要求。

(2) 用滑石笔在待下料钢筋需剪断处做好标记。

(3) 在钢筋下料标记处用断丝钳下料(调节螺栓朝下)。

3) 决策

由教师组织学生填写配料单,完成配料表的填写及所需配料。

钢筋配料单如表 5-11 所示。

**表 5-11　　钢筋配料单**

| 构件名称 | 钢筋编号 | 钢筋简图 | 直径/mm | 钢号 | 下料长度/m | 单位根数 | 合计根数 | 质量/kg |
|---|---|---|---|---|---|---|---|---|
| 柱 | 1 | 250<br>1 600 | 12 | Ⅱ | 1.822 | 4 | 4 | 6.475 |
| | 2 | 250<br>250 | 6 | Ⅰ | 1.15 | 9 | 9 | 2.299 |
| 合　计 | | Ⅰ级钢筋 2.299 kg,Ⅱ级钢筋 6.475 kg | | | | | | |

4) 实施

(1) 先把 4 根纵向受力钢筋放置在支座上,保证锚固端都在同一侧,且在同一个平面内。

(2) 按计算好数量的箍筋套入 4 根纵向受力钢筋上,在支座上放置两根纵筋,另两根则挂在箍筋上。

(3) 按照图纸要求用滑石笔在纵筋上作好箍筋位置的标记,然后按此标记调整箍筋的位置,并保证箍筋的接头按顺时针或逆时针的顺序分布在 4 根纵向受力钢筋上。

(4) 用扎丝绑扎支座上的两根纵向受理钢筋,使箍筋与上面两根纵向受力钢筋连在一起,并保证纵筋的锚固端朝外呈 135°放置。

(5) 再把柱子翻转过来,使原来在下面的两根钢筋放置再支座上,已经绑扎好的挂在下面。

(6) 用同样的方法进行绑扎。

5) 检查及评价

组织学生进行自评、互评,同时以小组为单位进行讨论评价,最后由教师进行总评。同时分别思考中间层柱和顶层柱的钢筋制作、绑扎的方法。

## 5.5　架子工学习情境设计

架子工学习情境如表 5-12 所示。

表 5-12 架子工学习情境表

| 序列 | 学习情境 | 主要内容 |
|---|---|---|
| 1 | 施工图首页的识读 | 根据任务完成施工图首页识读并填写表格 |
| 2 | 建筑总平面图的识读 | 了解建筑总平面图的常用图例 |
| 3 | 建筑平面图的识读 | 了解建筑平面图的图示内容,并根据任务完成表格 |
| 4 | 建筑立面图的识读 | 了解建筑立面图的内容并识读图纸完成任务 |
| 5 | 建筑详图的识读 | 了解建筑详图图示内容并完成任务 |
| 6 | 扣件式脚手架的组成 | 了解脚手架的材料和配件,并掌握构配件的种类 |
| 7 | 立杆和扫地杆的架设 | 了解立杆和扫地杆,并掌握相关规范规定 |
| 8 | 水平杆的架设 | 分别了解横向水平杆和纵向水平杆的架设要求 |
| 9 | 连墙杆的架设 | 掌握连墙杆架设的方法 |
| 10 | 剪刀撑、横向斜撑与抛撑的架设 | 了解剪刀撑、横向斜撑与抛撑,并掌握架设要求 |
| 11 | 完整脚手架搭设 | 了解完整脚手架搭设的注意事项,并掌握完整脚手架搭设的方法与步骤,搭设一个脚手架 |
| 12 | 门洞的搭设 | 掌握门洞搭设的注意事项 |
| 13 | 安全网的架设 | 掌握安全网搭设的注意事项 |
| 14 | 脚手架的拆除 | 了解脚手架拆除中需要注意的事项 |
| 15 | 脚手架的质量检验与验收 | 了解脚手架质量验收的标准、脚手架的使用指南 |

下面以完整脚手架搭设学习情境为例详细说明。

### 5.5.1 完整脚手架搭设

1. 教学目标

了解完整脚手架搭设的注意事项,并掌握完整脚手架搭设的方法与步骤,搭设一个脚手架。

2. 情境创设

在 5.2 节的项目中,因对外立面需进行粉刷,故需要搭设脚手架。请帮助工人搭设一个真正完整的脚手架。

3. 教学过程

1) 资讯

(1) 脚手架搭设的准备工作:

① 脚手架搭设前要具备经建设单位、监理单位、施工单位负责人批准后的搭设方案。

② 检查钢管、扣件和脚手板是否合格,不合格者不得使用。

③ 清除搭设场地杂物,平整搭设场地,并使排水畅通。

④ 加固脚手架地基,经验收合格后方可按搭设方案定位放线。

2) 计划

分组后学生讨论出脚手架搭设的顺序,并在此基础上确定搭设的基本步骤。

脚手架搭设顺序如下:地基处理→平整场地→定位放线→安放垫板和底座→摆放扫地杆与竖立杆并与横、纵扫地杆扣紧→安装第一步纵向水平杆与各立杆扣紧→安装第一步横向水平杆→安装第一步连墙件(不能设时应设抛撑)→安装第二步纵向水平杆→安装第二步横向水平杆→接高立杆→安装第三部纵向和横向水平杆→安装第二步连墙件→……→安装剪刀撑→铺脚手板→绑护身栏杆→挂安全网、密目立网。

(1) 先地基处理；

(2) 平整场地；

(3) 安装垫板和定位放线；

(4) 安放底座；

(5) 摆放扫地杆和竖立杆并与扫地杆扣紧；

(6) 连接好的立杆与纵向水平杆；

(7) 横向水平杆与直角扣件的连接。

3) 决策

由教师决定分成小组讨论，如何搭设脚手架，需要哪些材料。

4) 实施

脚手架技术交底要求，如表 5-13 所示。

**表 5-13　　脚手架技术交底表**

<table>
<tr><td>工程名称</td><td colspan="2"></td><td>施工单位</td><td colspan="3"></td></tr>
<tr><td>分项工程名称</td><td colspan="2">外脚手架工程</td><td>交底部位</td><td></td><td>交底时间</td><td></td></tr>
<tr><td colspan="7">交底内容</td></tr>
<tr><td>搭设参数</td><td colspan="6">材料：</td></tr>
<tr><td>安装示意图</td><td colspan="6"> 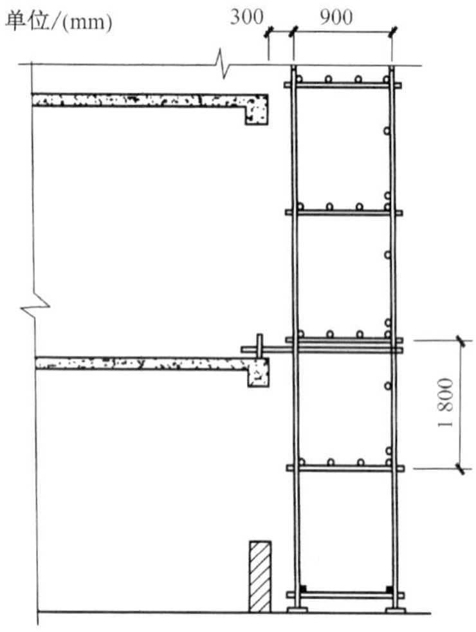单位/(mm)　300　900　1 800</td></tr>
<tr><td>施工工艺流程</td><td colspan="6">立杆基础夯实和硬化处理→排水沟→定位→垫板→立两头立杆扣扫地杆、小横杆、大横杆(或临时大、小横杆)→立抛撑→树中间立杆→小横杆、大横杆、防护栏杆，以此类推、形成一步闭合架体→搭第二步架→拉连墙件→拆抛撑→转角处设置“之”剪刀撑→挂密目安全网、铺脚手板→接立杆→架体外立面设置剪刀撑→搭第三部架(剪刀撑与安全网同步上)…→完成</td></tr>
<tr><td>质量要求</td><td colspan="6">脚手架搭设的技术要求与允许偏差</td></tr>
<tr><td></td><td>序列</td><td>项　目</td><td colspan="4">一般质量要求</td></tr>
<tr><td></td><td>1</td><td>构架尺寸(立杆纵距、立杆横距、步距)误差</td><td colspan="4">20 mm</td></tr>
</table>

续　表

<table>
<tr><td></td><td>序列</td><td colspan="2">项　目</td><td colspan="4">一般质量要求</td></tr>
<tr><td rowspan="2"></td><td rowspan="2">2</td><td colspan="2" rowspan="2">立杆的垂直偏差</td><td rowspan="2">架高</td><td><25 m</td><td colspan="2">50 m</td></tr>
<tr><td>>25 m</td><td colspan="2">100 mm</td></tr>
<tr><td></td><td>3</td><td colspan="2">纵向水平杆的水平偏差</td><td colspan="4">20 mm</td></tr>
<tr><td></td><td>4</td><td colspan="2">横向水平杆的水平偏差</td><td colspan="4">10 mm</td></tr>
<tr><td></td><td>5</td><td colspan="2">节点处相交杆件的轴线距节点中心距离</td><td colspan="4"><150 mm</td></tr>
<tr><td></td><td>6</td><td colspan="2">相邻立杆接头位置</td><td colspan="4">相互错开，设在不同的步距内，相邻接头的高度差应>500 m</td></tr>
<tr><td></td><td>7</td><td colspan="2">上下相邻纵向水平杆接头位置</td><td colspan="4">相互错开，设在不同的立杆纵距内，相邻接头的水平距离应>500 m，接头距立杆应小于立杆纵距的 1/3</td></tr>
<tr><td rowspan="5"></td><td rowspan="5">8</td><td rowspan="5">杆件搭接</td><td colspan="5">搭接部位应跨过与其相接的纵向水平杆或立杆，并与其连接（绑扎）固定</td></tr>
<tr><td colspan="5">搭接长度和连接要求应符合以下要求</td></tr>
<tr><td>类别</td><td colspan="2">杆别</td><td>搭接长度</td><td>链接要求</td></tr>
<tr><td rowspan="2">扣件式钢管脚手架</td><td colspan="2">立杆</td><td rowspan="2">>1 m</td><td>连接扣件数量依承载要求确定，且不少于两个</td></tr>
<tr><td colspan="2">纵向水平杆</td><td>不少于两个连接扣件</td></tr>
<tr><td rowspan="2"></td><td rowspan="2">9</td><td rowspan="2">节点连接</td><td>扣件式钢管脚手架</td><td colspan="4">拧紧扣件螺栓，其拧紧力矩应不小于 40 N·m，且不大于 65 N·m</td></tr>
<tr><td>其他脚手架</td><td colspan="4">按相应的连接要求</td></tr>
<tr><td>质量保证措施</td><td colspan="7"></td></tr>
<tr><td>安全保证措施</td><td colspan="7"></td></tr>
<tr><td>注意事项</td><td colspan="7"></td></tr>
<tr><td>文明施工</td><td colspan="7"></td></tr>
<tr><td>应急措施</td><td colspan="7"></td></tr>
</table>

5）检查及评估

组织学生进行自评、互评，同时以小组为单位进行讨论评价，最后由教师进行总评。

## 5.6 混凝土工学习情境设计

混凝土工学习情境如表 5-14 所示。

**表 5-14　　混凝土工学习情境**

| 序列 | 学 习 情 境 | 主 要 内 容 |
|---|---|---|
| 1 | 混凝土的组成和分类认识 | 熟悉和了解混凝土的组成与分类 |
| 2 | 混凝土配合比设计 | 掌握实际情境中混凝土配合比的设计方法、步骤 |
| 3 | 人工拌制混凝土 | 掌握拌制混凝土的方法、安全问题 |
| 4 | 机械拌制混凝土 | 掌握混凝土拌制的方法、安全问题 |
| 5 | 识读建筑施工图 | 了解建筑施工图识图的步骤，掌握识图要点 |
| 6 | 识读结构施工图 | 了解结构施工图识图的步骤，掌握识图要点 |

续 表

| 序列 | 学习情境 | 主要内容 |
| --- | --- | --- |
| 7 | 基础浇筑 | 掌握基础浇筑的工艺流程 |
| 8 | 柱混凝土的浇筑 | 了解柱混凝土浇筑的技术 |
| 9 | 梁混凝土的浇筑 | 了解梁混凝土浇筑的技术 |
| 10 | 板混凝土的浇筑 | 了解板混凝土浇筑的技术 |
| 11 | 非破损检测及验收 | 了解进行非破损检测的原理、仪器设备；掌握进行检测试验的步骤 |

下面以混凝土的组成和分类认识、机械拌制混凝土、基础浇筑学习情境为例详细说明。

### 5.6.1 混凝土的组成和分类认识

1. 教学目标

通过本课程的学习，了解混凝土的组成成分，掌握根据不同的分类方法对混凝土进行分类。

2. 情境创设

在5.2节的项目中，工匠能够看懂简单图纸，但是在混凝土配料的多少上犯难了，请帮助工人完成混凝土配料的选取。

3. 教学过程

1）资讯

了解本课程需要掌握的内容包括混凝土的组成成分及其分类不同，首先需要收集相关资料。

(1) 混凝土的组成：

水泥石占25%；砂和石子占70%；孔隙和自由水占1%～5%。

(2) 混凝土的分类：

① 按照体积密度分重混凝土 $\rho_0>2\,800\ \text{kg/m}^3$；普通混凝土 $\rho_0=2\,000\sim2\,800\ \text{kg/m}^3$；轻混凝土 $\rho_0<2\,000\ \text{kg/m}^3$。

② 按凝胶材料分水泥混凝土、硅酸盐混凝土、沥青混凝土、聚合物水泥混凝土、聚合物浸渍混凝土。

③ 按用途分结构混凝土、防水混凝土、道路混凝土、耐候混凝土、大体积混凝土、防辐射混凝土等。

④ 按生产和施工工艺分预拌混凝土（商品混凝土）、泵送混凝土、喷射混凝土、碾压混凝土、离心混凝土。

⑤ 按强度分普通混凝土＜C60；高强度混凝土≥C60；超高强度混凝土≥C100。

⑥ 按配筋情况分素混凝土、钢筋混凝土、预应力钢筋混凝土、钢纤维混凝土等。

2）计划及决策

由教师带领学生对混凝土的不同类型按照什么标准分类进行确定并做好详细计划。

3）实施

由教师和学生分别模拟施工单位和项目监理机构根据《建筑材料及检测》填写材料进场验收记录模拟表，如表5-15所示。

表 5-15　　材料进场验收记录模拟表

工程名称：　　　　　　　　　　　　　　　　　　　　编号：

| 材料名称 | | | 进场日期 | | |
|---|---|---|---|---|---|
| 材料品种 | | 规格 | | 进场数量 | |
| 生产厂家 | | 出厂批号 | | | |

验收情况：

水泥：

品种：________，型号：________，生产厂家：________，出厂日期：________

砂：

品种：________，含水率：________，细度模数：________，属____砂石：

品种：________，含水率：________，最大粒径：________

施工单位(组长)检查意见：

质检员：　材料员：　　年　月　日

项目监理机构(教师)验收意见：

专业监理工程师：　　年　月　日

本表由施工单位填写，监理机构验收合格后，作为质量证明资料，施工单位保存。

4) 检查及评估

由学生对自己学习过程进行评价，同时教师对学生也要进行评价。

## 5.6.2 拌制混凝土(以机械拌制为例)

1. 教学目标

通过本课程的学习，帮助学生掌握拌制混凝土应该准备的知识，了解如何配料、准备材料及操作工艺流程。

2. 情境创设

在 5.2 节的项目中，浇筑构造柱所用的混凝土强度为 C25，现场石子最大粒径为 40 mm，砂为细砂，坍落度要求 30～50 mm。一般的耐久性要求，需要制作一组(3 个)混凝土标准试块(尺寸：150 mm×150 mm×150 mm)进行强度的验证，将如何进行操作？

任务内容：机械搅拌混凝土制作混凝土试块。

3. 教学过程

1) 资讯

(1) 器具准备：

① 自落式搅拌机：自落式搅拌机的搅拌筒内壁焊有弧形叶片。当搅拌筒绕水平轴旋转时，叶片不断将物料提升到一定高度，然后自由落体，互相掺和。

② 强制式搅拌机：强制式搅拌机主要根据剪切机理进行混合料搅拌。搅拌机中有随搅拌轴转动的叶片。

（2）任务准备：

① 安全交底：注意三相电、施工器械的合理位置放置、佩戴劳保用品。

② 技术交底：施工前工程量的计算；器具是否完好，检验后使用；采用强制性搅拌机拌制混凝土。

2）计划

由教师组织学生对要实施的基本流程及拌制的工艺流程进行详细计划，并列出任务书。

3）决策

（1）范围：本工艺标准适用于工民建的普通混凝土的现场拌制。

（2）施工准备。

（3）材料及器具：水泥、砂、石子、水、外加剂、混合材料、强制式混凝土搅拌机。

4）实施

（1）基本工艺流程。

（2）每台班开始前，对搅拌机及上料设备进行检查并试运转；对所用计量器具进行检查并定磅；校对施工配合比；对所用原材料的规格、品种、产地、牌号及质量进行检查，并与施工配合比进行核对；对砂、石的含水率进行检查，如有变化，及时通知实验人员调整用水量。一切符合要求后，方可开盘拌制混凝土。

（3）计量：分别包括砂、石、水泥、外加剂及混合料、水计量。

（4）上料。

（5）第一盘混凝土拌制的操作。每次上班拌制第一盘混凝土时，先加水搅拌筒空转数分钟，搅拌筒被充分湿润后，将剩余积水倒净。搅拌第一盘时，由于砂浆粘筒壁而损失，因此，石子的用量应按配合比减半。从第二盘开始，按给定的配合比投料。

（6）搅拌时间控制：混凝土搅拌的最短时间应按表 5-16 控制。

**表 5-16　　混凝土搅拌的最短时间(s)**

| 混凝土坍落度 | 搅拌机类型 | 搅拌机出料量/L | | |
|---|---|---|---|---|
| | | ＜250 | 250～500 | ＞500 |
| ＜30 mm | 强制式 | 60 | 90 | 120 |
| | 自落式 | 90 | 120 | 150 |
| ＞30 mm | 强制式 | 60 | 60 | 90 |
| | 自落式 | 90 | 90 | 120 |

注：1. 混凝土搅拌的最短时间系指自全部材料装入搅拌筒中起，到开始卸料止的时间；
2. 当掺有外加剂时，搅拌时间应适当延长；
3. 冬期施工时搅拌时间应取常温搅拌时间的 1.5 倍。

（7）出料：出料时，先少许出料，目测拌合物的外观质量，如目测合格方可出料。每盘混凝土拌合物必须出尽。

（8）混凝土拌制的质量检查。

（9）冬期施工混凝土的搅拌（表 5-17）。

表 5-17　　机械拌制混凝土实训任务交底书

<table>
<tr><td colspan="4">机械拌制混凝土实训任务交底书</td></tr>
<tr><td rowspan="2">工程名称</td><td rowspan="2"></td><td>填表人</td><td></td></tr>
<tr><td>日　期</td><td></td></tr>
<tr><td colspan="4">步骤：<br>(1) 本次实训过程的劳保用品：<br><br>(2) 根据人工拌和工程量的计算：<br>共需要混凝土____$m^3$，其中砂____kg，石____kg，水泥____kg，水____kg。<br>现场条件下的砂____kg，石____kg，水泥____kg，水____kg。<br>(3) 强制性搅拌机进行搅和。<br>(4) 经工作性调整后原材料用量。<br>砂____kg，石____kg，水泥____kg，水____kg，坍落度值____mm。<br>现场条件下的砂____kg，石____kg，水泥____kg，水____kg。<br>(5) 制成混凝土试块：<br>成型日期：________，开始养护日期________。<br>(6) 现场清理，并填写所用到的器具。</td></tr>
<tr><td>技术负责人</td><td></td><td>相关参与工作人员签字</td><td></td></tr>
</table>

5）检查及评估

本工艺标准应具备以下质量记录：

(1) 水泥出厂质量证明。

(2) 水泥进场试验报告。

(3) 外加剂出厂质量证明。

(4) 外加剂进场试验报告及掺量试验报告。

(5) 混合料出厂质量证明。

(6) 混合料进场实验报告及掺量试验报告。

(7) 砂子试验报告。

(8) 石子试验报告。

(9) 混凝土配合比通知单。

(10) 混凝土试块强度试压报告。

(11) 混凝土强度评定记录。

(12) 混凝土施工日志(含冬期施工日志)。

(13) 混凝土开盘鉴定。

### 5.6.3　浇筑(以基础浇筑为例)

1. 教学目标

通过本课程的学习，帮助学生了解基本概念，掌握基础浇筑的工艺流程。

2. 情境创设

在 5.2 节的项目中，目前进行到了基础浇筑阶段，请帮助工人了解基础浇筑的流程。

3. 教学过程

1）知识准备

(1) 基础是指建筑底部与地基接触的承重构件，它的作用是把建筑上部的荷载传给地基，因此基础必须坚固、稳定而可靠。

(2) 基础按其构造特点可分为条形基础、独立基础、筏形基础、箱型基础。

(3) 基础按材料分类分为:砖基础、毛石基础、三合土基础、灰土基础、混凝土基础、毛石混凝土基础。

2) 计划与决策

由教师组织学生对要进行的浇筑任务分工,并制定详细计划,帮助学生掌握浇筑的工艺流程。

3) 实施

(1) 工艺流程:现场搅拌混凝土浇筑工艺:作业准备→混凝土搅拌→混凝土运输→基础混凝土浇筑、振捣→养护

商品混凝土浇筑工艺:作业准备→商品混凝土运输到现场→混凝土质量检查→卸料→泵送至浇筑部位→基础混凝土浇筑、振捣→养护

(2) 垫层的浇筑的施工工艺:

① 范围:本工艺标准适用于工民建建筑地面的混凝土垫层的施工操作。

② 施工准备材料及器具:水泥、砂、石子、混凝土搅拌机、磅秤、手推车或翻斗车。尖铁锹、平铁锹、平板振捣器、串桶或溜管、刮杆、木抹子、胶皮水管、钢丝刷。

(3) 混凝土基础的施工工艺:

① 范围:本工艺标准适用于工民建中素混凝土基础。

② 施工准备材料及器具:砂、石、水、外加剂、搅拌机、磅秤、手推车或翻斗车。尖铁锹、平铁锹、平板振捣器、串桶或溜管、刮杆、木抹子、胶皮水管。

③ 工艺流程:槽底或模板内清理→混凝土拌制→混凝土浇筑→混凝土振捣→混凝土养护。

4) 检查及评估

(1) 质量标准:

① 保证混凝土所用的水泥、水、骨料、外加剂等必须符合施工规范和有关标准的规定。

② 保证混凝土的配合比、原材料计量、搅拌、养护和施工缝处理必须符合施工规范的规定。

(2) 评定混凝土强度的试块,必须按《混凝土强度检验评定标准》的规定取样、制作、养护和试验。其强度必须符合施工规范的规定。

## 5.7 测量放线工学习情境设计

测量放线工学习情境如表 5-18 所示。

表 5-18　　测量放线工学习情境表

| 序列 | 学习情境 | 主要内容 |
|---|---|---|
| 1 | 水准路线测量 | 通过闭合、附和水准路线高程观测,学习普通水准测量的施测、记录水准路线测量的外业。水准路线观测方法与技能操作,在工程测量中应用广泛,要求学生能够熟练掌握并能灵活运用 |
| 2 | 测设已知高程 | 本课程学习在于通过已知高层的测设,是利用水准测量的方法,根据已知水准点,将设计高程测设到现场作业面上 |

续 表

| 序列 | 学习情境 | 主要内容 |
| --- | --- | --- |
| 3 | 全站仪放样 | 通过本课程的学习,学生能够正确了解全站仪测站设置、点位确定以及棱镜使用方法;理解全站仪放样原理;掌握全站仪放样方法 |
| 4 | 三角形水平内角测量 | 通过本课程学习,学生能够正确掌握三角形内角测量方法,控制每测回上、下半测回相差40″之内,三个角内角和与180°0′0″相差在90″之内,使学生掌握测量的基础知识、仪器构造与应用、角度测量与计算的方法、测量误差知识、仪器的检验等方面的能力 |
| 5 | 竖直角测量与应用 | 通过本课程学习,学生能够掌握竖直角的定义及分类,竖直角测量的方法,竖直角及竖盘指标差的计算,竖直角应用 |
| 6 | 水准测量误差及仪器检验 | 通过本课程学习,学生能够掌握水准测量的误差分类,掌握水准仪检验的方法和步骤 |

下面以闭合水准路线测量、测设已知高程、全站仪放样学习情境为例详细说明。

### 5.7.1 闭合水准路线测量

1. 教学目标

通过闭合、附和水准路线高程观测,学习普通水准测量的施测、记录水准路线测量的外业。水准路线观测方法与技能操作,在工程测量中应用广泛,要求学生能够熟练掌握并能灵活运用。

2. 情境创设

在5.2节项目中,在办公楼旁有一座厂房正在施工。某建筑工人正要进行水准路线测量,但在此之前他需要首先了解测量的方法及实施步骤,请帮助完成此过程。

3. 教学过程

1) 资讯

布置任务,让学生了解项目,并查询资料。水准测量的施测方法如图5-13所示。

(1) 水准点:永久性和临时性。以BM标记。

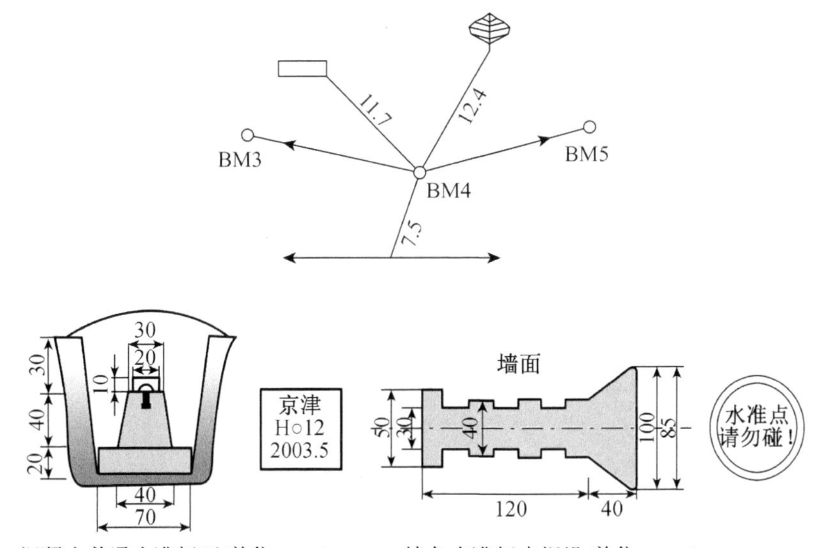


图5-13 水准点示意图

(2) 施测方法：水准测量方法采用变动仪高法和双面尺法，当距离远、方差大时，设置转点TP进行水准测量。

① 测站检校：

变动仪高法：同一测站用两次不同的仪器高度，测得两次高差以相互比较进行检核。

双面尺法：仪器高度不变，立在前视点和后视点上的水准尺分别用黑面和红面各进行一次读数，测得两次高差，相互进行检核。

② 计算检核：

案例教学：以水准测量观测实例为案例分析测量实施、记录计算过程。

(3) 成果检核。测站检核只能检核一个测站上是否存在错误或误差超限。

由于温度、风力、大气折光、尺垫下沉和仪器下沉等外界条件引起的误差，除了倾斜和估读的误差，以及水准仪本身的误差等，虽然在一个测站上反映不很明显，但随着测站数的增多使误差积累，有时也会超过规定的限差。

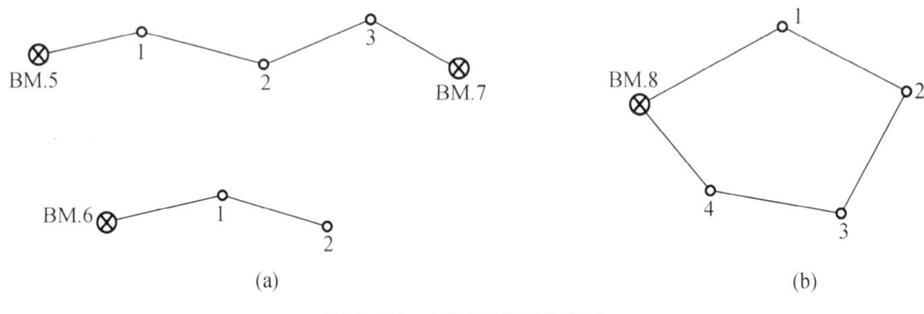


图 5-14 测量实施示意图

2) 计划

(1) 分组计划：每个小组由4人组成，各小组成员按照指导教师的要求，确定组长并明确自己的任务。工作过程中应团结合作，保证工作有效开展。

(2) 主要设备(表 5-19)。

**表 5-19　　主要设备表**

| 实训(实验)项目 | 主要仪器设备 | 数量 |
| --- | --- | --- |
| 闭合水准路线水准测量 | 水准仪 | 1台 |
| | 木桩 | 4只 |
| | 记录板 | 1块 |
| | 桩锤 | 1把 |
| | 水准尺 | 2把 |

(3) 施工测量计划：

① 闭合水准路线水准测量的步骤与注意点。

② 绘制项目草图。

③ 记录操作时出现的情况并及时分析。

④ 完成项目任务并进行有效评价。

3) 决策

指导教师讲述各组的人员配备以及工作安排基本要求，并给出合理建议，指导学生讨论，比选方案。同时学生进行分组讨论，针对需求完成任务，必选并确定最终实施方案。

4）实施

掌握普通水准测量的施测、记录水准路线测量的作业。

5）检查

由教师检查施工测量方案是否合理，测量步骤是否正确，仪器操作是否正确，熟练，读数与记录是否规范正确。

6）评价

由学生分别进行自我评价和教师评价。

## 5.7.2 测设已知高程

1. 教学目标

通过本项目的学习，利用水准测量的方法，根据已知水准点，将设计高程测设到现场作业面上，同时了解高程传递方法原理。

2. 情境创设

在 5.2 节项目中，需要进行已知高程的测设，某建筑物的室内地坪设计高程为 45.000 m，附近有一水准点 BM.3，其高程 $H_3$ 为 44.680 m。现在要求把该建筑物的室内地坪高程测设到木桩 A 上，作为施工时控制高程的依据(图 5-15)。

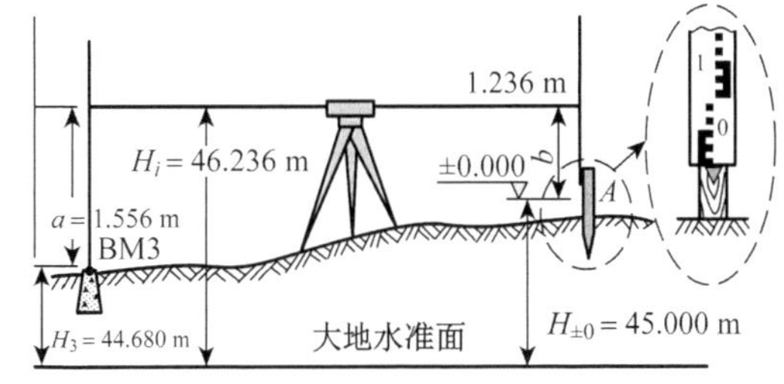


图 5-15　高程测设示意图

3. 教学过程

1）资讯

(1) 在水准点 BM.3 和木桩 A 之间安置水准仪，在 BM.3 立水准尺上，用水准仪的水平视线测得后视读数为 1.556 m，此时视线高程为：

$$H_i = 44.680\ \text{m} + 1.556\ \text{m} = 46.236\ \text{m}$$

(2) 计算 A 点水准尺尺底为室内地坪高程时的前视读数：

$$b = 46.236\ \text{m} - 45.000\ \text{m} = 1.236\ \text{m}$$

(3) 上下移动竖立在木桩 A 侧面的水准尺，直至水准仪的水平视线在尺上截取的读数为 1.236 m 时，紧靠尺底在木桩上画一水平线，其高程即为 45.000 m。

(4) 高程传递。当向较深的基坑或较高的建筑物上测设已知高程点时，如水准尺长度不够，可利用钢尺向下或向上引测。欲在深基坑内设置一点 B，使其高程为 $H$。地面附近有一水准点 R，其高程为 $H_R$。用同样的方法，亦可从低处向高处测设已知高程的点(图 5-16)。

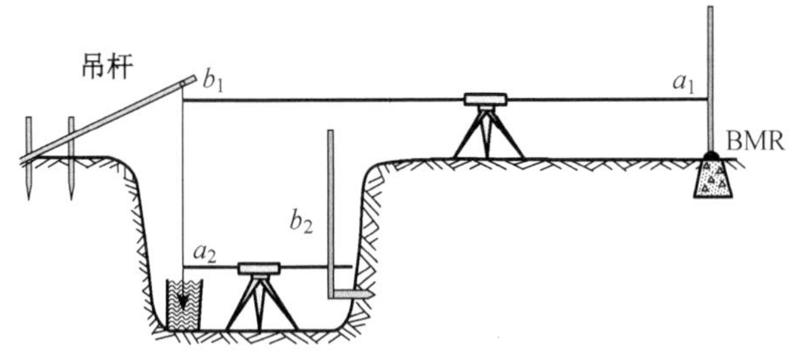


图 5-16　高程传递示意图

① 在基坑一边架设吊杆，杆上吊一根零点向下的钢尺，尺的下端挂 10 kg 的重锤，放入油桶中。

② 在地面安置一台水准仪，设水准仪在 R 点所立水准尺上读数为 $a_1$，在钢尺上读数为 $b_1$。

③ 在坑底安置另一台水准仪，设水准尺在钢尺上读数为 $a_2$。

④ 计算 B 点水准尺底高程为 $H$ 时，B 点处水准尺的读数应为：

$$b_2 = (H_R + a_1) - (b_1 - a_2) - H$$

2）决策

（1）指导教师讲述各组的人员配备以及工作安排基本要求，并给出合理建议，指导学生讨论，比选方案。

（2）学生分组讨论，针对需要完成的任务，比选并确定最终实施方案。

3）计划

（1）分组计划：各小组分别有 4 人组成，各小组成员按照指导教师的要求，确定组长并明确自己的任务。工作过程中应团结合作，保证工作有效开展。

（2）主要设备（表 5-20）。

**表 5-20　　设备表**

| 项　　目 | 主要仪器设备 | 数量 |
| --- | --- | --- |
| 闭合水准路线水准测量 | 水准仪 | 1 台 |
| | 木桩 | 4 只 |
| | 记录板 | 1 块 |
| | 桩锤 | 1 把 |
| | 水准尺 | 2 把 |

（3）施工测量计划：

① 高程测设的步骤与注意点。

② 绘制项目草图。

③ 记录操作时出现的情况并进行及时分析。

④ 完成项目任务，并进行有效评价。

4）实施

（1）测设已知高程。

（2）实训操作：某建筑物的室内地坪设计高程为 45.000 m，附近有一水准点 BM.3，其高程 $H_3$ 为 44.680 m。现状要把该建筑物的室内地坪高程测设到木桩 A 上，作为施工时控制高程的依据。

① 在水准点 BM.3 和木桩 A 之间安置水准仪，在 BM.3 立水准尺上，用水准仪的水平视线测得后视读数为 1.556 m，此时视线高程为：

$$H_i = 44.680\ \text{m} + 1.556\ \text{m} = 46.236\ \text{m}$$

② 计算 A 点水准尺尺底为室内地坪高程时的前视读数：

$$b = 46.236\ \text{m} - 45.000\ \text{m} = 1.236\ \text{m}$$

③ 上下移动竖立在木桩 A 侧面的水准尺，直至水准仪的水平视线在尺上截取的读数为 1.236 m 时，紧靠尺底在木桩上画一水平线，其高程即为 45.000 m。

④ 变动仪器高度，按照同样方法再次测设一次，紧靠尺底在木桩上画出一条水平线。

⑤ 检验两条线之间的距离是否超过±5 mm，如在误差允许范围内合格，否则需要重新测设。

(3) 操作中的注意事项：

① 仪器应尽量放置于两个测点中间位置；

② 标尺应竖直并通过水准仪实现校对；

③ 瞄准时一定要消除视差并用十字丝的竖丝平分照准标尺的中间刻度。

(4) 上交施工测量成果：施工测量工作页，测量数据原始记录，相关计算过程，绘制实测示意图。

5) 检查

(1) 施工测量方案是否合理；

(2) 测量步骤是否正确；

(3) 仪器操作是否正确、熟练；

(4) 读数与记录是否规范、正确。

6) 评估

(1) 学生自评如表 5-21 所示。

**表 5-21　　学生自评表**

| 测设已知高程 | | | |
|---|---|---|---|
| 班级 | | 组别 | |
| 组员 | | 组长 | |
| 工作时间 | | 工作地点 | |
| 工作程序 | | 分值 | 得　分 |
| 1 | 查看工作任务做好计划 | 10 | |
| 2 | 绘制草图 | 10 | |
| 3 | 安置、整平的熟练程度 | 10 | |
| 4 | 水准仪使用正确程度 | 10 | |
| 5 | 读数与计算的正确性 | 20 | |
| 6 | 两次测设的刻线的误差 | 20 | |
| 7 | 记录、资料的整理 | 10 | |
| 8 | 收放仪器的规范程度 | 10 | |
| 合　计 | | | |
| 工作情况分析 | 存在问题 | | |
| | 解决方法 | | |
| 自我评价 | 收获心得 | | |

(2) 教师评价表(表 5-22)

表 5-22 教师评价表

<table>
<tr><td colspan="5">测设已知高程</td></tr>
<tr><td colspan="2">教师姓名</td><td></td><td>组　别</td><td></td></tr>
<tr><td colspan="2">学生班级</td><td></td><td>学生姓名</td><td></td></tr>
<tr><td colspan="2">工作时间</td><td></td><td>工作地点</td><td></td></tr>
<tr><td colspan="2">评分内容</td><td></td><td>分　值</td><td>得　分</td></tr>
<tr><td>1. 资讯</td><td colspan="2">明确任务、测量操作前的准备工作、测量操作的步骤与要点</td><td>10</td><td></td></tr>
<tr><td>2. 决策</td><td colspan="2">测设方案的制定、测设人员即仪器安全注意事项</td><td>10</td><td></td></tr>
<tr><td rowspan="6">3. 实施</td><td colspan="2">安置、整平的熟练程度</td><td>10</td><td></td></tr>
<tr><td colspan="2">水准仪使用正确程度</td><td>10</td><td></td></tr>
<tr><td colspan="2">读数与计算的正确性</td><td>10</td><td></td></tr>
<tr><td colspan="2">两次测设的刻线的误差</td><td>10</td><td></td></tr>
<tr><td colspan="2">记录、资料的整理</td><td>10</td><td></td></tr>
<tr><td colspan="2">收放仪器的规范程度</td><td>10</td><td></td></tr>
<tr><td rowspan="2">4. 检查与评估</td><td colspan="2">工作完成精确程度</td><td>10</td><td></td></tr>
<tr><td colspan="2">学生自我工作评价</td><td>10</td><td></td></tr>
<tr><td colspan="3">总　分</td><td>100</td><td></td></tr>
<tr><td colspan="3">备　注</td><td colspan="2"></td></tr>
</table>

(3) 教师点评各小组项目完成情况,实践中出现的问题及改进措施。

### 5.7.3 全站仪放样

1. 学习目标

通过本项目的学习,了解全站仪放样原理、掌握全站仪放样的方法,学会进行全站仪坐标放样。

2. 情境创设

在 5.2 节项目中,需要根据给定的已知点坐标和已知方位角,使用全站仪“放样”程序,请帮助某工人完成此过程。

3. 教学过程

1) 资讯

(1) 明确任务。根据给定的已知点坐标和已知方位角,使用全站仪“放样”程序,放样三个坐标点组成三角形,并在木桩上用笔做好标记。其中 $M$ 点位放样基点,$N$ 点位方位角,$A$, $B$, $C$ 为已知点坐标。

(2) 掌握操作的步骤与要点

① 精确要求:

(a) 水平角上下半测回角差≤20″;

表 5-23　　放样数据

| 放样点坐标 | | | 已知数据 | | |
|---|---|---|---|---|---|
| 点号 | $X$ | $Y$ | 点号 | $X$ | $Y$ |
| $A$ | 10.571 | 24.014 | $M$ | 3.197 | 5.567 |
| $B$ | 35.450 | 4.458 | $N$ | 13°57′43″ | |
| $C$ | 37.179 | 22.148 | | | |

(b) 几何图形角度闭合差≤30″;

(c) 平差后角度值与理论值现差 35″;

(d) 边长平均值与理论值误差<1/6 000。

② 放样操作:

(a) 检查准备,基础桩检查(钉),仪器设备检查并根据数据进行草图绘制。

(b) 全站仪在 $M$ 点进行对中整平。

(c) 采用放样模式进行数据输入,核对后进行方位角设置。

(d) 输入放样点 $A$ 坐标进行初步定桩。

(e) 采用两点法进行桩面定线。

(f) 在桩面上棱镜对中整平,全站仪精确定点。

(g) 利用放样坐标引导进行精度检查。

(h) 同样方法定出 $B/C$ 两点。

(i) 检查全站仪放样精度是否满足,采用边角测量方法进行校核检验(图 5-17)。

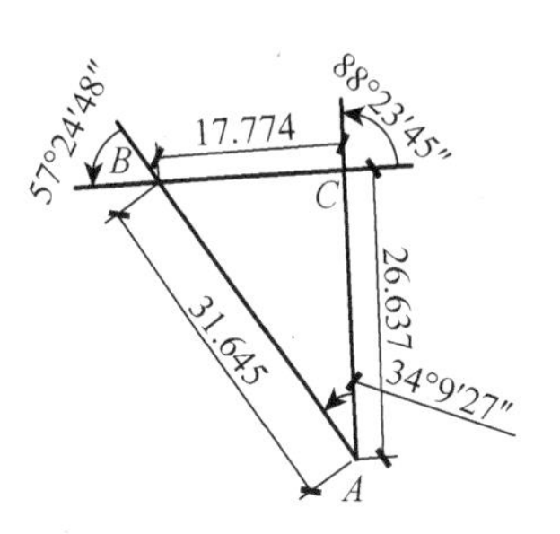


图 5-17　全站仪示意图

2) 决策

(1) 指导教师讲述各组的人员配备以及工作安排基本要求,并给出合理建议;指导学生讨论,比选方案。

(2) 学生分组讨论,针对需要完成的任务,比选并最终实施方案。

3) 计划

(1) 分组计划:各小组分别由 4 人组成,各小组成员按照指导教师的要求,确定组长并明确自己的任务,工作过程中应团结合作,保证工作有效开展。

(2) 主要设备(表 5-24)。

表 5-24　　设备表

| 项　　目 | 主要仪器设备 | 数量 |
|---|---|---|
| 测回法观察水平角 | 全站仪 | 1 台 |
| | 棱镜 | 2 套 |
| | 卷尺 | 1 把 |
| | 木桩 | 5 只 |
| | 记录板 | 1 块 |
| | 桩锤 | 1 把 |
| | 钢直尺 | 2 把 |
| | 钉子 | 若干 |

(3) 施工测量计划

① 全站仪放样的步骤与注意点。

② 绘制项目草图。

③ 记录操作时出现的情况并进行及时分析。

④ 完成项目任务,并进行有效评价。

4)实施

(1) 观察基线实地情况,测量设备等准备。

(2) 放样操作。

① 检查准备,基础桩检查(钉),仪器设备检查,并根据数据进行草图绘制。

② 全站仪在 $M$ 点进行对中整平。

③ 采用放样模式进行数据输入,核对后进行方位角设置。

④ 输入放样点 $A$ 坐标进行初步定桩。

⑤ 采用两点法进行桩面定线。

⑥ 在桩面上棱镜对中整平,全站仪精确定点。

⑦ 利用放样坐标引导进行精度检查。

⑧ 同样方法定出 $B/C$ 两点。

⑨ 检查全站仪放样精度是否满足,采用边角测量方法进行校核检验。

(3) 上交施工测量成果(表 5-25)。

**表 5-25　　边角测量记录、计算表**

全站仪操作者:　　　　棱镜操作者:　　　　记录者:

<table>
<tr><th rowspan="2">测站</th><th rowspan="2">盘位</th><th rowspan="2">目标</th><th>读数</th><th>半测回角值</th><th>一测回值</th><th rowspan="2">边长观测值</th><th rowspan="2">边长平均值</th><th>备注</th></tr>
<tr><th>° ′ ″</th><th>° ′ ″</th><th>° ′ ″</th><th></th></tr>
<tr><td rowspan="4"></td><td rowspan="2"></td><td></td><td></td><td rowspan="2"></td><td rowspan="4"></td><td></td><td rowspan="13">AB=<br>BC=<br>CA=</td><td rowspan="13"></td></tr>
<tr><td></td><td></td><td></td></tr>
<tr><td rowspan="2"></td><td></td><td></td><td rowspan="2"></td><td rowspan="2"></td></tr>
<tr><td></td><td></td></tr>
<tr><td rowspan="4"></td><td rowspan="2"></td><td></td><td></td><td rowspan="2"></td><td rowspan="4"></td><td></td></tr>
<tr><td></td><td></td><td></td></tr>
<tr><td rowspan="2"></td><td></td><td></td><td rowspan="2"></td><td rowspan="2"></td></tr>
<tr><td></td><td></td></tr>
<tr><td rowspan="4"></td><td rowspan="2"></td><td></td><td></td><td rowspan="2"></td><td rowspan="4"></td><td></td></tr>
<tr><td></td><td></td><td></td></tr>
<tr><td rowspan="2"></td><td></td><td></td><td rowspan="2"></td><td rowspan="2"></td></tr>
<tr><td></td><td></td></tr>
<tr><td></td><td></td><td></td><td></td><td></td><td></td><td></td></tr>
</table>

5) 检查

(1) 施工测量方案是否合理。

(2) 测量步骤是否正确。

(3) 仪器操作是否正确、熟练。

(4) 读数与记录是否规范、正确。

6）评估

（1）学生自评表如表5-26所示。

**表5-26　　学生自评表**

<table>
<tr><td colspan="5">测回法观测水平角</td></tr>
<tr><td colspan="2">班级</td><td></td><td>组别</td><td></td></tr>
<tr><td colspan="2">组员</td><td></td><td>组长</td><td></td></tr>
<tr><td colspan="2">工作时间</td><td></td><td>工作地点</td><td></td></tr>
<tr><td colspan="2">工作程序</td><td></td><td>分　值</td><td></td></tr>
<tr><td>1</td><td colspan="2">查看工作任务做好计划</td><td>10</td><td></td></tr>
<tr><td>2</td><td colspan="2">绘制草图</td><td>10</td><td></td></tr>
<tr><td>3</td><td colspan="2">全站仪在M点进行对中整平与测站设置</td><td>10</td><td></td></tr>
<tr><td>4</td><td colspan="2">A点放样情况</td><td>20</td><td></td></tr>
<tr><td>5</td><td colspan="2">B点放样情况</td><td>10</td><td></td></tr>
<tr><td>6</td><td colspan="2">C点放样情况</td><td>10</td><td></td></tr>
<tr><td>7</td><td colspan="2">精度检查</td><td>20</td><td></td></tr>
<tr><td>8</td><td colspan="2">收放仪器的规范程度</td><td>10</td><td></td></tr>
<tr><td colspan="4">合　　计</td><td></td></tr>
<tr><td rowspan="2">工作情况分析</td><td>存在问题</td><td colspan="3"></td></tr>
<tr><td>解决方法</td><td colspan="3"></td></tr>
<tr><td>自我评价</td><td>收获心得</td><td colspan="3"></td></tr>
</table>

（2）教师评价(表5-27)

**表5-27　　教师评价表**

<table>
<tr><td colspan="4">测回法观测水平角</td></tr>
<tr><td colspan="2">教师姓名</td><td>组　　别</td><td></td></tr>
<tr><td colspan="2">学生班级</td><td>学生姓名</td><td></td></tr>
<tr><td colspan="2">工作时间</td><td>工作地点</td><td></td></tr>
<tr><td colspan="2">评分内容</td><td>分　　值</td><td>得　　分</td></tr>
<tr><td>1. 资讯</td><td>明确任务、测量操作前的准备工作、测量操作的步骤与要点</td><td>10</td><td></td></tr>
<tr><td>2. 决策</td><td>测设方案的制定、测设人员即仪器安全注意事项</td><td>10</td><td></td></tr>
<tr><td rowspan="6">3. 实施</td><td>全站仪在M点进行对中整平与测站设置</td><td>10</td><td></td></tr>
<tr><td>A点放样情况</td><td>10</td><td></td></tr>
<tr><td>B点放样情况</td><td>10</td><td></td></tr>
<tr><td>C点放样情况</td><td>10</td><td></td></tr>
<tr><td>记录、资料的整理</td><td>5</td><td></td></tr>
<tr><td>收放仪器的规范程度</td><td>5</td><td></td></tr>
<tr><td rowspan="2">4. 检查与评估</td><td>工作完成精确程度</td><td>20</td><td></td></tr>
<tr><td>学生自我工作评价</td><td>10</td><td></td></tr>
<tr><td colspan="2">总　　分</td><td>100</td><td></td></tr>
<tr><td>备　　注</td><td colspan="3"></td></tr>
</table>

## 5.8 木工学习情境设计

木工学习情境如表 5-28 所示。

表 5-28 木工学习情境表

| 序列 | 学习情境 | 主要内容 |
| --- | --- | --- |
| 1 | 木结构施工图识图及料单制作 | 掌握各种施工工具的使用方法，独立完成木材的切割、打磨、连接等操作，掌握放样、测量等操作 |
| 2 | 楼盖结构拼装 | 掌握各种施工工具的使用方法，完成木材的切割、打磨、连接等操作，掌握放样、测量等操作，掌握楼盖结构拼装的方法 |
| 3 | 墙体结构拼装 | 掌握各种施工工具的使用方法，独立完成木材的切割、打磨、连接等操作，掌握放样、测量等操作。掌握墙体结构拼装的方法 |
| 4 | 门窗结构拼装 | 掌握各种施工工具的使用方法，独立完成木材的切割、打磨、连接等操作，掌握放样、测量等操作，掌握门窗结构拼装的方法 |
| 5 | 屋面结构拼装 | 掌握各种施工工具的使用方法，独立完成木材的切割、打磨、连接等操作，掌握放样、测量等操作，掌握屋面结构拼装的方法 |
| 6 | 木结构房屋拼装 | 掌握各种施工工具的使用方法，独立完成木材的切割、打磨、连接等操作，掌握放样、测量等操作，掌握木结构房屋拼装的方法 |

### 5.8.1 楼盖结构拼装

1. 学习目标

通过本项目的学习，帮助学生熟练掌握各种施工工具的使用方法，让学生能独立完成木材的切割、打磨、连接等操作。同时帮助学生掌握放样、测量等操作。

2. 情境创设

在 5.2 节的项目中，需要制作一个 3.665 m×4.885 m 的木楼盖平台，请利用木工所学知识帮助工人完成。详细内容如图 5-18 所示。

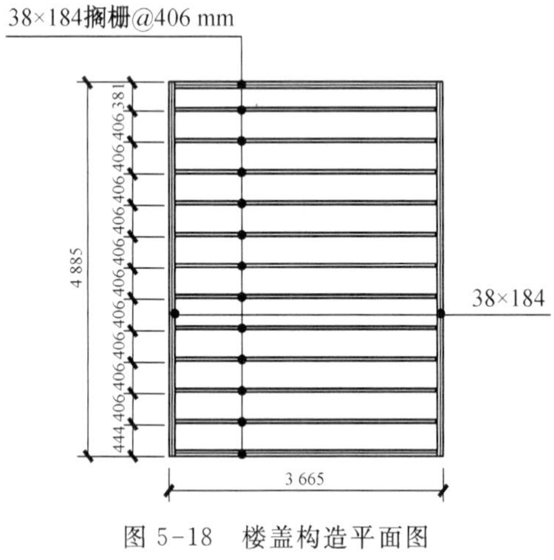

图 5-18 楼盖构造平面图

3. 教学过程

1) 资讯

(1) 由教师带领学生根据学习目标，详细了解楼盖构造平面图，了解制作木楼盖平台所需要的实训工具，收集资讯。

(2) 实训工具：切割机，打磨机，水平仪，手提切割机，手工锯，卷尺，水平尺，靠尺，方尺，墨斗，尼龙线，细砂片，胡桃钳，扫帚，锤，安全帽，手套。

2) 计划

根据收集到的信息，教师帮助学生制定计划，包括如何开展决策，实施步骤计划，检查评估等过程。

3）决策

目前，收集到的资讯及列出的详细计划作出判断，教师辅导学生做出决策，决策内容包括该项目的实施步骤、检查表格与评估计划等（表 5-29）。

**表 5-29　　对楼盖搁栅钉连接的最低要求**

| 连接构件名称 | 最小钉长/mm | 钉的最小数量或最大间距 |
|---|---|---|
| 楼盖搁栅与墙体顶梁板或底梁板—斜向钉连接 | 80 | 2 颗 |
| 边框梁或封边板与墙体顶梁板或底梁板—斜向钉连接 | 60 | 150 mm |
| 楼盖搁栅木底撑或扁钢底撑与楼盖搁栅 | 60 | 2 颗 |
| 搁栅间剪刀撑 | 60 | 每端 2 颗 |
| 开孔周边双层封边梁或双层加强搁栅 | 80 | 300 mm |
| 木梁两侧附加托木与木梁 | 80 | 每根搁栅处 2 颗 |
| 搁栅与搁栅连接板 | 80 | 每端 2 颗 |
| 被切搁栅与开孔封头搁栅（沿开孔周边垂直钉连接） | 80<br>100 | 5 颗<br>3 颗 |
| 开孔处每根封头搁栅与封边搁栅的连接（沿开孔周边垂直钉连接） | 80<br>100 | 5 颗<br>3 颗 |

4）实施

（1）对产地测量，进行平台放样。搁栅间隔 406 mm。

（2）根据整理出的材料表，在木料上放样测量、画线（表 5-30）。

（3）利用木工工具加工木材，切割要精确。

（4）利用加工好的木料结合图纸，进行楼盖平台的拼装。

**表 5-30　　楼盖结构材料表**

| 材料名称 | 规　　格 | 数量 | 备　注 |
|---|---|---|---|
| SPF | 38 mm(厚)×89 mm(宽)×4 270 mm | 2 片 | |
| SPF | 38 mm(厚)×184 mm(宽)×3 660 mm | 25 片 | |
| OSB | 18 mm(厚)×1 220 mm(宽)×2 440 mm | 6 片 | |
| 麻花钉 | 80 mm | 5 盒 | |
| 自攻钉 | 5 mm×60 mm | 1 包 | |

5）检查

在教学过程中，教师和学生是否按照要求完成了任务需要进行检查，其检查的标准如下：

（1）实训老师和指导老师在每次实训前做好安全教育并简单讲解、示范。

（2）学生在具体操作中分工到位，有放样工、切割工、安装工。

（3）在实训中正确使用各种机具，注意自我防护及爱护公物，不要急于求成。

（4）在操作中要保证切口的整齐度、连接质量、外观效果等。

（5）楼盖覆面板之间留 2～3 mm 的空隙，以防下方的实木干缩后，造成覆面板互相挤压。

6）评估

最后由教师对学生进行评估，由学生填写楼盖结构拼装结构图（表 5-31）。

表 5-31　学生工作页:楼盖结构拼装

| 姓名: | 操作时间: | 实训项目:楼盖结构拼装 | 总成绩: |
|---|---|---|---|
| 班级: | 操作间编号: | 指导教师: | |
| 知　识　要　点 | | 评分权重 15% | 成绩: |
| 1. 楼盖结构概念? | | | |
| 2. 覆面板如何安装? | | | |
| 3. 搁栅连接的方式有几种? | | | |
| 4. 楼盖搁栅的施工工艺流程? | | | |
| 5. 剪刀撑如何布置? | | | |
| 操　作　要　点 | | 评分权重 15% | 成绩: |
| 1. 记录所用工具名称? | | | |
| 2. 记录材料用量? | | | |
| 3. 楼盖结构的操作步骤? | | | |
| 4. 使用工具注意事项? | | | |
| 操作心得 | | | |

| 考核验收 | | | | 评分权重 60% | | 成绩 |
|---|---|---|---|---|---|---|
| 序号 | 项　目 | 要求及允许偏差 | 检验方法 | 验收记录 | 配分 | 得分 |
| 1 | 工作程序 | 正确的工作程序 | 检查 | | 5 | |
| 2 | 工作态度 | 遵守纪律、态度端正、团结协作 | 观察、检查 | | 5 | |
| 3 | 木材切割断面的平整度 | 木材断面平直 | 检查 | | 5 | |
| 4 | 楼盖平台的表面平 | 2 mm | 用水平尺检查 | | 5 | |
| 5 | 覆面板安装 | 正确的安装和预留伸缩缝 2～3 mm | 检查 | | 5 | |
| 6 | 覆面板上钉子间距 | 间距 300 mm | 卷尺 | | 5 | |
| 7 | 剪刀撑的位置 | 布置合理 | 检查 | | 5 | |
| 8 | 搁栅的布置 | 准确的间距 406 mm<br>端头的布置 | 卷尺 | | 5 | |
| 9 | 机具操作 | 正确安全操作 | 巡查 | | 5 | |
| 10 | 构件的美观 | 材料平直<br>表面光滑 | 巡查 | | 5 | |
| 11 | 材料使用量 | 合理使用 | 检查 | | 5 | |
| 12 | 整洁 | 工具完好<br>作业面清理 | 巡查 | | 5 | |

| 质量检验记录及原因分析 | | 评分权重 10% | 成绩 |
|---|---|---|---|
| 质量检验记录 | 质量问题分析 | 防治措施建议 | |
| | | | |

## 5.8.2 墙体结构拼装

1. 学习目标

帮助学生熟练掌握各种施工工具的使用方法，让学生能独立完成木材的切割、打磨、连接等操作。同时让学生掌握放样、测量等操作。

2. 情境创设

在5.2节的项目中，需要制作一个3.665 m×2.44 m的木结构墙体，请利用木工所学知识帮助工人完成。详细内容如图5-19所示。

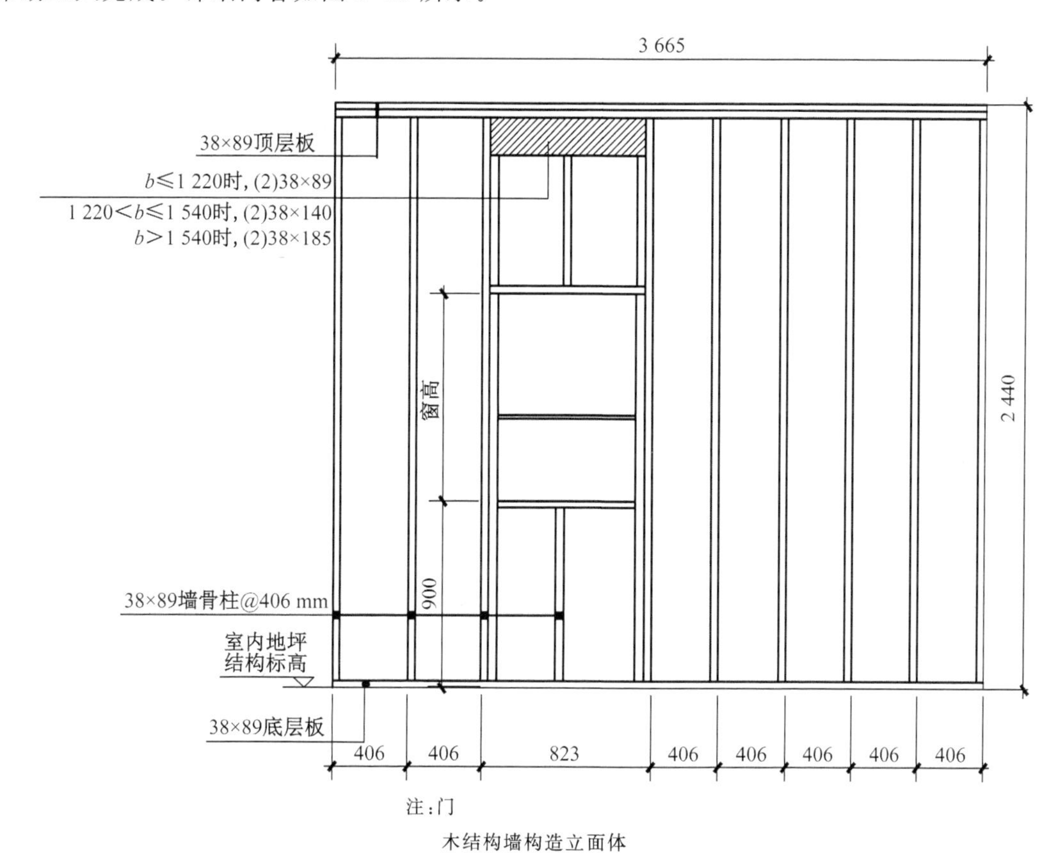


图5-19 木结构墙构造立面图

3. 教学过程

1）资讯

(1) 由教师带领学生根据学习目标，详细了解木结构墙构造立面图，了解制作木结构墙所需要的实训工具，收集资讯。

(2) 实训工具：切割机，打磨机，水平仪，手提切割机，手工锯，卷尺，水平尺，靠尺，方尺，墨斗，尼龙线，细砂片，胡桃钳，扫帚，锤，安全帽，手套。

2）计划

根据收集到的信息，教师帮助学生制定计划，包括如何开展决策，实施步骤计划，检查评估等过程。

3）决策

根据目前收集到的资讯及列出的详细计划作出判断，教师辅导学生做出决策，决策包括对于该项目的实施步骤、检查表格与评估计划等。

4）实施

（1）对产地测量，进行墙体放样，搁栅间隔不能超过 610 mm。

（2）根据整理出的材料表，在木料上放样测量、画线。

（3）利用木工工具加工木材，切割要精确。

（4）利用加工好的木料结合图纸，进行楼盖平台的拼装（表 5-32、表 5-33）。

**表 5-32　　对楼盖搁栅钉连接的最低要求**

| 连接构件名称 | 最小钉长 | 钉子的最小数量或最大间距 |
| --- | --- | --- |
| 墙骨柱与墙体顶梁板和底梁板，采用斜向钉连接垂直钉连接 | 60 mm | 4 枚 |
| | 80 mm | 2 枚 |
| 开孔两侧双根墙骨柱，或在墙体交换或转角处的墙骨柱 | 80 mm | 750 mm（中心间距） |
| 双层顶梁板 | 80 mm | 600 mm（中心间距） |
| 墙体底梁板或地梁板与搁栅或封头块（用于外墙） | 80 mm | 400 mm（中心间距） |
| 内隔墙底梁板与框架或楼面板 | 80 mm | 600 mm（中心间距） |
| 非承重墙开孔顶部水平构件两端 | 80 mm | 2 枚 |
| 过梁与墙骨柱 | 80 mm | 每端 2 枚 |
| 组合梁 | 90 mm | 2 排，450 mm（中心距）距端部 100～150 mm |

**表 5-33　　墙体结构材料表**

| 材料名称 | 规　　格 | 数　量 | 备　注 |
| --- | --- | --- | --- |
| SPF | 38 mm（厚）×89 mm（宽）×2 440 mm | 18 片 | |
| SPF | 38 mm（厚）×140 mm（宽）×2 440 mm | 1 片 | |
| OSB | 18 mm（厚）×1 220 mm（宽）×2 440 mm | 3 片 | |
| 麻花钉 | 80 mm | 5 盒 | |
| 自攻钉 | 5 mm×60 mm | 1 包 | |

5）检查

在教学过程中，教师和学生是否按照要求完成了任务需要进行检查，其检查的标准如下：

（1）实训老师和指导老师在每次实训前做好安全教育，并简单的讲解、示范。

（2）学生在具体操作中分工到位，有放样工、切割工、安装工。

（3）在实训中正确使用各种机具，注意自我防护及爱护公物，不要急于求成。

（4）在操作中要保证切口的整齐度、连接质量、外观效果等。

（5）墙体覆面板之间留出 2～3 mm 的空隙，以防木龙骨干缩后，造成覆面板互相挤压。

（6）横撑布置在墙体中间的位置。

（7）窗户位置的施工要按照规范要求施工。

6）评估

由教师对学生最后进行评估，学生填写木结构墙体结构拼装表（表 5-34）。

**表 5-34　　　　学生工作页:木结构墙体结构拼装**

| 姓名: | 操作时间: | 实训项目:墙体结构拼装 | 总成绩: |
|---|---|---|---|
| 班级: | 操作间编号: | 指导教师: | |
| 知　识　要　点 | | 评分权重 15% | 成绩: |
| 1. 墙体结构概念? | | | |
| 2. 覆面板如何安装? | | | |
| 3. 墙体龙骨柱连接的方式有几种? | | | |
| 4. 墙体龙骨柱的施工工艺流程? | | | |
| 5. 横撑如何布置? 有什么作用? | | | |

| 操　作　要　点 | 评分权重 15% | 成绩: |
|---|---|---|
| 1. 记录所用工具名称 | | |
| 2. 记录材料用量 | | |
| 3. 墙体结构的操作步骤 | | |
| 4. 使用工具注意事项 | | |
| 操作心得 | | |

| 考核验收 | | | | 评分权重 60% | | 成绩 |
|---|---|---|---|---|---|---|
| 序号 | 项　目 | 要求及允许偏差 | 检验方法 | 验收记录 | 配分 | 得分 |
| 1 | 工作程序 | 正确的工作程序 | 检查 | | 5 | |
| 2 | 工作态度 | 遵守纪律、态度端正、团结协作 | 观察、检查 | | 5 | |
| 3 | 木材切割断面的平整度 | 木材断面平直 | 检查 | | 5 | |
| 4 | 墙体垂直度 | 2 mm | 用脱线板检查 | | 5 | |
| 5 | 覆面板安装 | 正确的安装和预留伸缩缝 2~3 mm | 检查 | | 5 | |
| 6 | 覆面板上钉子间距 | 间距 300 mm | 卷尺 | | 5 | |
| 7 | 横撑的位置 | 布置合理 | 检查 | | 5 | |
| 8 | 龙骨柱的布置 | 准确的间距 406 mm<br>端头的布置 | 卷尺 | | 5 | |
| 9 | 机具操作 | 正确安全操作 | 巡查 | | 5 | |
| 10 | 构件的美观 | 材料平直<br>表面光滑 | 巡查 | | 5 | |
| 11 | 材料使用量 | 合理使用 | 检查 | | 5 | |
| 12 | 整洁 | 工具完好<br>作业面清理 | 巡查 | | 5 | |

| 质量检验记录及原因分析 | | 评分权重 10% | 成绩 |
|---|---|---|---|
| 质量检验记录 | 质量问题分析 | 防治措施建议 | |
| | | | |
| | | | |

### 5.8.3 木结构房屋拼装

1. 学习目标

通过本项目学习帮助学生熟练掌握各种施工工具的使用方法，让学生能独立完成木材的切割、打磨、连接等操作。同时帮助学生掌握放样、测量等操作。

2. 情境创设

在5.2节的项目中，需要搭设一座临时的木工棚。一名某木工工人在施工现场已经完成了楼盖平台构件、墙体构件、门窗构件和屋面构件部分，现在他的领导交给他任务要求把这几个构件拼装在一起，请帮助该工人完成整个木结构房屋拼装的工作。详细信息如图5-20所示。

图5-20 木结构房屋拼装

3. 教学过程

1）资讯

(1) 由教师带领学生根据学习目标，详细了解木结构房屋拼装的构建部分，了解拼装木结构房屋所需要的实训工具，收集资讯。

(2) 实训工具：切割机，打磨机，水平仪，手提切割机，手工锯，卷尺，水平尺，靠尺，方尺，墨斗，尼龙线，细砂片，胡桃钳，扫帚，锤，安全帽，手套。

2）计划

教师帮助学生根据收集到的信息，制定计划，包括如何开展决策，实施步骤计划，检查评估等过程。

3）决策

目前收集到的资讯及列出的详细计划作出判断，教师辅导学生做出决策，决策包括对于该项目的实施步骤、检查表格与评估计划等。

4）实施

(1) 把楼盖平台移动到指定位置。

(2) 把墙体置于楼盖平台之上。

(3) 安装屋面结构。

5）检查

在教学过程中，教师和学生是否按照要求完成了任务需要进行检查，其检查的标准如下：

(1) 实训老师和指导老师在每次实训前做好安全教育，并进行简单讲解、示范。

(2) 学生在具体操作中一定要按照步骤施工。

(3) 施工操作中一定要注意安全。

6) 评估

最后由教师对学生进行评估，填写木结构房屋拼装表(表 5-35)。

表 5-35 学生工作页：木结构房屋拼装

<table>
<tr><td colspan="2">姓名：</td><td>操作时间：</td><td colspan="2">实训项目：木结构房屋拼装</td><td colspan="2">总成绩：</td></tr>
<tr><td colspan="2">班级：</td><td>操作间编号：</td><td colspan="2">指导教师：</td><td colspan="2"></td></tr>
<tr><td colspan="3">知识要点</td><td colspan="2">评分权重 15%</td><td colspan="2">成绩：</td></tr>
<tr><td colspan="3">1. 轻型木结构建筑概念？</td><td colspan="4"></td></tr>
<tr><td colspan="3">2. 结构连接有几种方式？</td><td colspan="4"></td></tr>
<tr><td colspan="3">3. 结构安装应注意哪些细节？</td><td colspan="4"></td></tr>
<tr><td colspan="3">4. 结构拼装施工工艺流程？</td><td colspan="4"></td></tr>
<tr><td colspan="3">操作要点</td><td colspan="2">评分权重 15%</td><td colspan="2">成绩：</td></tr>
<tr><td colspan="3">1. 记录所用工具名称</td><td colspan="2"></td><td colspan="2"></td></tr>
<tr><td colspan="3">2. 记录材料用量</td><td colspan="2"></td><td colspan="2"></td></tr>
<tr><td colspan="3">3. 安装的操作步骤</td><td colspan="2"></td><td colspan="2"></td></tr>
<tr><td colspan="3">4. 使用工具注意事项</td><td colspan="2"></td><td colspan="2"></td></tr>
<tr><td colspan="2">操作心得</td><td colspan="5"></td></tr>
<tr><td colspan="4">考核验收</td><td colspan="2">评分权重 60%</td><td>成绩</td></tr>
<tr><td>序号</td><td>项目</td><td>要求及允许偏差</td><td>检验方法</td><td>验收记录</td><td>配分</td><td>得分</td></tr>
<tr><td>1</td><td>工作程序</td><td>正确的工作程序</td><td>检查</td><td></td><td>5</td><td></td></tr>
<tr><td>2</td><td>工作态度</td><td>遵守纪律、态度端正、团结协作</td><td>观察、检查</td><td></td><td>5</td><td></td></tr>
<tr><td>3</td><td>呼吸纸切割</td><td>50 mm 预留</td><td>检查</td><td></td><td>5</td><td></td></tr>
<tr><td>4</td><td>墙体垂直度</td><td>2 mm</td><td>用脱线板检查</td><td></td><td>5</td><td></td></tr>
<tr><td>5</td><td>底部自粘卷材规格</td><td>300 mm×300 mm</td><td>检查</td><td></td><td>5</td><td></td></tr>
<tr><td>6</td><td>窗台自粘卷材预留尺寸</td><td>150 mm</td><td>卷尺</td><td></td><td>5</td><td></td></tr>
<tr><td>7</td><td>窗台角落安装柔性自粘卷材</td><td>两个</td><td>检查</td><td></td><td>5</td><td></td></tr>
<tr><td>8</td><td>密封胶使用</td><td>使用合理</td><td>检查</td><td></td><td>5</td><td></td></tr>
<tr><td>9</td><td>窗台底部是否有垫块</td><td>需要有</td><td>巡查</td><td></td><td>5</td><td></td></tr>
<tr><td>10</td><td>构件的美观</td><td>美观大方</td><td>巡查</td><td></td><td>5</td><td></td></tr>
<tr><td>11</td><td>材料使用量</td><td>合理使用</td><td>检查</td><td></td><td>5</td><td></td></tr>
<tr><td>12</td><td>整洁</td><td>工具完好<br>作业面清理</td><td>巡查</td><td></td><td>5</td><td></td></tr>
<tr><td colspan="4">质量检验记录及原因分析</td><td colspan="2">评分权重 10%</td><td>成绩</td></tr>
<tr><td colspan="2">质量检验记录</td><td colspan="2">质量问题分析</td><td colspan="3">防治措施建议</td></tr>
<tr><td colspan="2"></td><td colspan="2"></td><td colspan="3"></td></tr>
<tr><td colspan="2"></td><td colspan="2"></td><td colspan="3"></td></tr>
</table>

## 5.9 抹灰工学习情境设计

抹灰工学习情境设计如表 5-36 所示。

表 5-36　　抹灰工学习情境表

| 序列 | 学 习 情 境 | 主 要 内 容 |
|---|---|---|
| 1 | 标志块、标筋的制作 | 掌握标志块制作的方法，标筋制作的方法及步骤。熟练掌握如何利用工具和材料制作标志块和标筋 |
| 2 | 内墙墙面抹灰 | 了解墙面抹灰所需要的材料、工具，掌握内墙墙面抹灰的步骤 |
| 3 | 外墙抹灰 | 了解墙面抹灰所需要的材料、工具，掌握外墙墙面抹灰的步骤 |

### 5.9.1 标志块、标筋的制作

1. 学习目标

通过本课程的学习，帮助学生掌握标志块制作的方法，标筋制作的方法及步骤。熟练掌握如何利用工具和材料制作标志块和标筋。

2. 情境创设

在 5.2 节的项目中，某工人要制作一块标志块和标筋，请帮助他完成此工作过程。

3. 教学过程

1）资讯

(1) 由教师带领学生根据学习目标，详细了解制作标志块和钢筋所需要的材料、工具，收集资讯。

(2) 材料准备：中砂。要求含泥量不大于 3%。底层需经 5 mm 筛，面层需经 3 mm 筛。

石灰膏。熟化时间一般不少于 5 d，用于罩面不应少于 30 d，使用时不得含有未熟化颗粒和其他杂物。

**说明**：实训一般用 1∶3 石灰砂浆代替其他砂浆进行训练，这样有利于工作面的及时清理及材料的重复使用。正常施工应按设计要求选用材料进行施工。

(3) 工具准备：

① 铁抹子：用于基层打底和罩面层灰、收光，如图 5-21 所示。

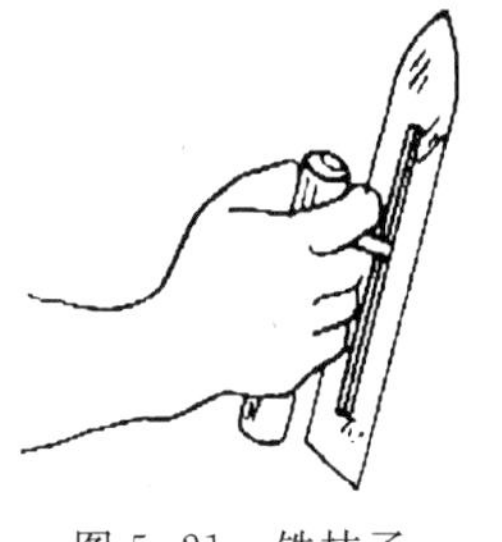

图 5-21　铁抹子

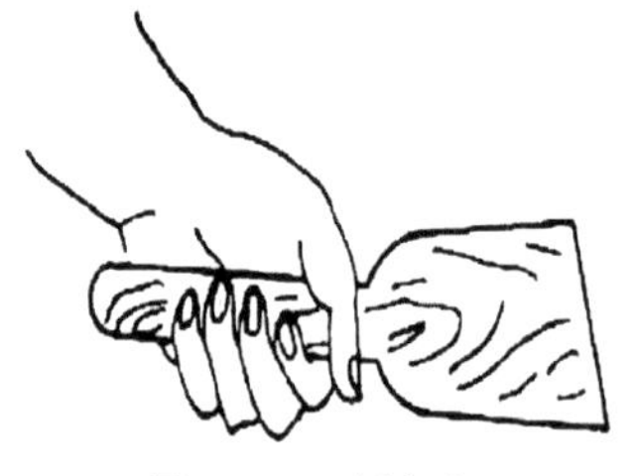

图 5-22　托灰板

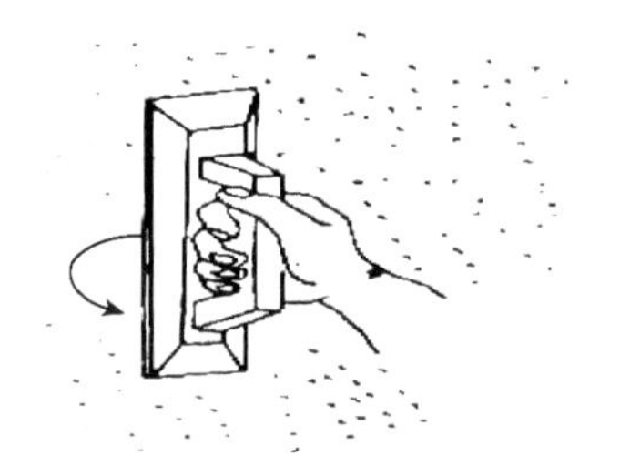

图 5-23　木抹子

② 托灰板：用于抹灰时承托砂浆，如图 5-22 所示。

③ 木抹子：用于打磨砂浆密实、平整，如图 5-23 所示。

④ 刮尺：用于墙面或地面找平刮灰，如图 5-24 所示。

⑤ 托线板：用于控制墙面的垂直度和平整度，如图 5-25 所示。

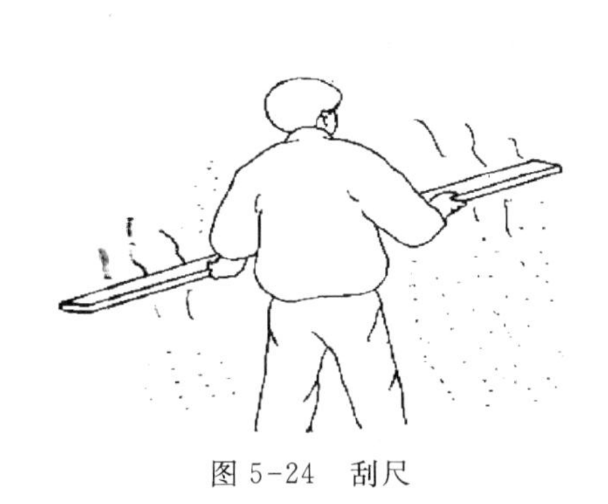
图 5-24　刮尺

图 5-25　托线板

(4) 材料和工具的使用说明

① 标志块、标筋 抹灰的材料用量比较少,故采用手工拌制。

② 用砂需过筛,标号比抹灰的标号应提高一级 。

③ 所有工具施工后应清洗干净收回待用。

**注:**制作标志块、标筋是为了有效控制抹灰层的垂直度、平整度和厚度,使其符合抹灰工程的质量检验评定标准。

不同的抹灰基层及不同部位,要求不同的抹灰厚度,抹灰的厚度薄处不得低于 7 mm。内墙一般抹灰的平均总厚度应控制在:普通抹灰为 18 mm,中级抹灰为 20 mm,高级抹灰为 25 mm。

2) 计划

教师帮助学生根据收集到的信息,制定计划,包括如何开展决策,实施步骤计划,检查评估等过程。

3) 决策

对目前收集到的资讯及列出的详细计划作出判断,教师辅导学生做出决策,决策包括对于该项目的实施步骤、检查表格与评估计划等。

4) 实施

步骤一:清理基层

(1) 清除基层表面的灰尘、油渍、污垢以及砖墙面的耳灰等。

(2) 对突出墙面的灰浆和墙体应凿平。

(3) 对于表面光滑的混凝土面还需将表面凿毛,以保证抹灰层能与其牢固粘结。

(4) 同时应对施工留下脚手架眼和孔洞处填实堵严。

(5) 上灰前应对砖墙基层提前浇水湿润;混凝土基层应洒水湿润。

步骤二:做标志块(贴灰饼)

(1) 上灰前用托线板检查墙面的平整和垂直情况,然后确定抹灰厚度。

(2) 做标志块:先在 2 m 高处(或距顶棚 150～200 mm 处)、墙面两近端处(或距阳角或阴角 150～200 mm 处),根据已确定的抹灰的厚度,用 1∶3 水泥砂浆做成约 50 mm 见方的上标志块,如图 5-26 所示。先做两端,用托线板做出下部标志块。

(3) 引准线:以上下两个标志块为依据拉准线,在准线两端钉上铁钉,挂线作为抹灰准线。如图 5-27 所示。然后依次拉好准线每隔 1.2～1.5 m 做一个标志块,如图 5-28 所示。

图 5-26　标志块做法

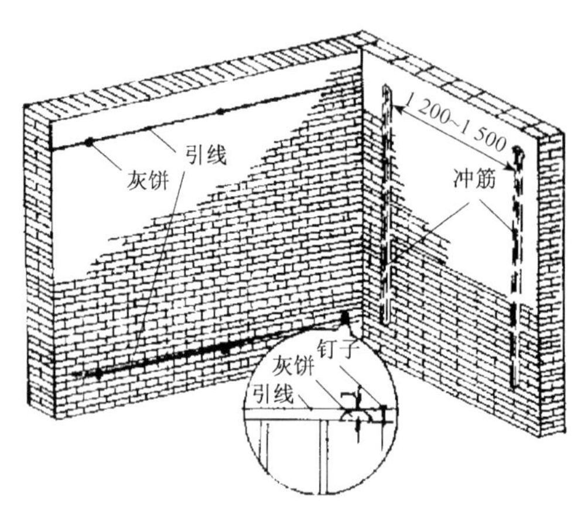


图 5-27　引准线做法

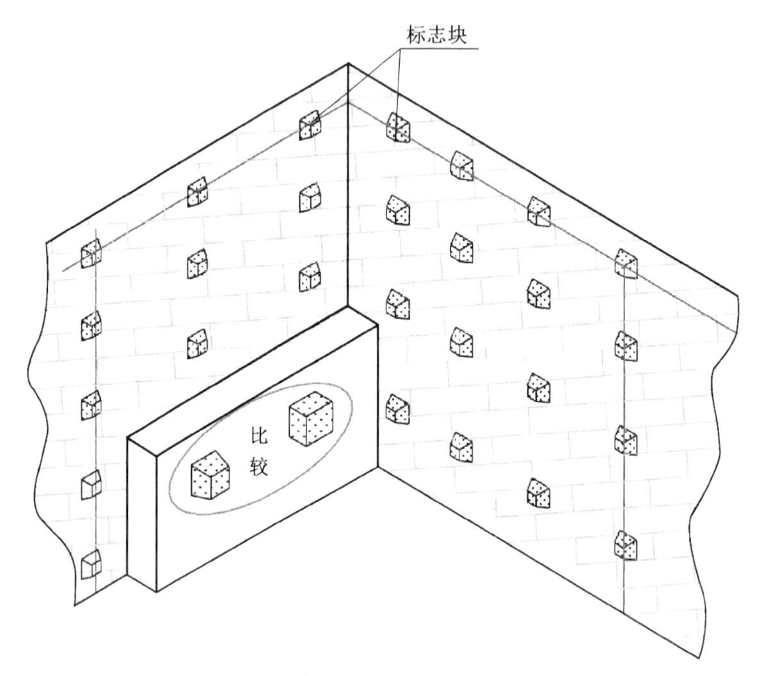


图 5-28　标志块的分布形式示意图

步骤三：做标筋（也称“冲筋”）

（1）先将墙面浇水湿润，再在上下两个灰饼之间抹一层砂浆，其宽度为 60～70 mm，接着抹二层砂浆，形成梯形灰埂，并比标志块高出 1～2 mm。

手式抹灰时一般冲竖筋，如图 5-29 所示。

（2）连续做好几条灰埂后，以标志块为准用刮尺将灰埂搓到与标志块一样平为止，同时要将灰埂的两边用刮尺修成斜面，形成标筋。

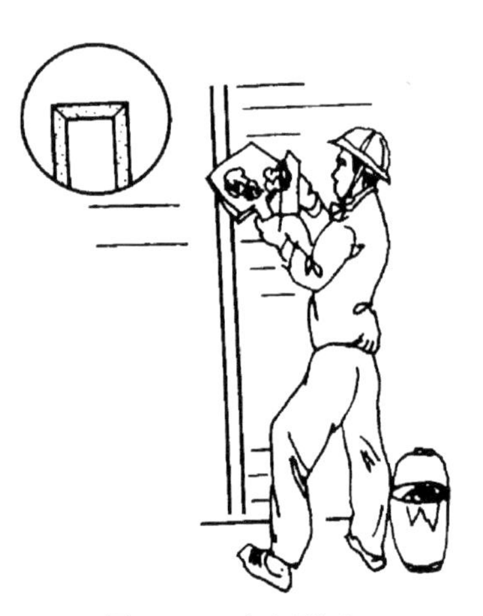

图 5-29　灰埂做法

**注：**连续抹几条灰埂合适，要根据墙面的吸水程度来定。吸水快时要少抹几条，吸水慢的要多抹几条，否则会造成刮杠困难，筋埂抹好后，可用刮尺两头紧贴灰饼上下或左右搓，直至

把灰埂搓出与灰饼齐平为止。

5）检查及评估

在教学过程中，教师和学生是否按照要求完成了任务需要进行检查，最后由教师对学生进行评估，填写标志块、标筋制作表（表5-37）。

**表5-37　　学生工作页：标志块、标筋的制作**

<table>
<tr><td colspan="2">姓名</td><td>班级</td><td colspan="2">指导教师</td><td colspan="2">总成绩</td></tr>
<tr><td colspan="3">知　识　要　点</td><td colspan="2">评分权重15%</td><td colspan="2">成绩</td></tr>
<tr><td colspan="3">1. 抹灰工程的概念</td><td colspan="4"></td></tr>
<tr><td colspan="3">2. 抹灰为什么要分层？作用是什么</td><td colspan="4"></td></tr>
<tr><td colspan="3">3. 各抹灰层之间分层厚度为多少</td><td colspan="4"></td></tr>
<tr><td colspan="3">4. 一般抹灰工程常用砂浆有哪些</td><td colspan="4"></td></tr>
<tr><td colspan="3">5. 内墙抹灰施工工艺流程</td><td colspan="4"></td></tr>
<tr><td colspan="3">操　作　要　点</td><td colspan="2">评分权重15%</td><td colspan="2">成绩</td></tr>
<tr><td colspan="3">1. 记录抹灰用工具名称</td><td colspan="2"></td><td colspan="2"></td></tr>
<tr><td colspan="3">2. 记录抹灰用材料配比和用量</td><td colspan="2"></td><td colspan="2"></td></tr>
<tr><td colspan="3">3. 任务一的操作步骤</td><td colspan="2"></td><td colspan="2"></td></tr>
<tr><td colspan="3">4. 标志块的制作顺序和间距</td><td colspan="2"></td><td colspan="2"></td></tr>
<tr><td colspan="3">5. 标筋的间距</td><td colspan="2"></td><td colspan="2"></td></tr>
<tr><td colspan="3">6. 记录底层灰、中层灰、罩面灰的厚度</td><td colspan="2"></td><td colspan="2"></td></tr>
<tr><td colspan="3"></td><td colspan="2"></td><td colspan="2"></td></tr>
<tr><td colspan="3"></td><td colspan="2"></td><td colspan="2"></td></tr>
<tr><td colspan="2">操作心得</td><td colspan="5"></td></tr>
<tr><td colspan="4">考核验收</td><td colspan="2">评分权重60%</td><td>成绩</td></tr>
<tr><td>项目</td><td>要求及允许偏差/mm</td><td>检验方法</td><td>验收记录</td><td>配分</td><td>得分</td><td></td></tr>
<tr><td>1</td><td>工作程序</td><td>正确的拌制砂浆<br>正确的工作程序</td><td>检查</td><td></td><td>10</td><td></td></tr>
<tr><td>2</td><td>工作态度</td><td>遵守纪律、态度端正</td><td>观察、检查</td><td></td><td>10</td><td></td></tr>
<tr><td>3</td><td>标志块、标筋的位置、距离</td><td>设置合理，±3</td><td>用2 m小尺检查</td><td></td><td>10</td><td></td></tr>
<tr><td>4</td><td>表面平整度</td><td>±3</td><td>用托线板和塞尺检查</td><td></td><td>15</td><td></td></tr>
<tr><td>5</td><td>表面垂直度</td><td>±3</td><td>用托线板和塞尺检查</td><td></td><td>15</td><td></td></tr>
<tr><td>6</td><td>厚　度</td><td>±3</td><td>用2 m小尺检查</td><td></td><td>10</td><td></td></tr>
<tr><td>7</td><td>粘结牢固</td><td>不脱落、开裂</td><td>检查</td><td></td><td>10</td><td></td></tr>
<tr><td>8</td><td>安全</td><td>不出安全事故</td><td>巡查</td><td></td><td>10</td><td></td></tr>
<tr><td>9</td><td>整洁</td><td>工具完好、作业面的清理</td><td>观察、检查</td><td></td><td>10</td><td></td></tr>
<tr><td colspan="4">质量检验记录及原因分析</td><td colspan="2">评分权重10%</td><td>成绩</td></tr>
<tr><td colspan="3">质量检验记录</td><td>质量问题分析</td><td colspan="3">防治措施建议</td></tr>
<tr><td colspan="3"></td><td></td><td colspan="3"></td></tr>
<tr><td colspan="3"></td><td></td><td colspan="3"></td></tr>
<tr><td colspan="3"></td><td></td><td colspan="3"></td></tr>
</table>

### 5.9.2 内墙墙面抹灰

1. 学习目标

通过本课程的学习，帮助学生了解墙面抹灰所需要的材料、工具，掌握内墙墙面抹灰的步骤。

2. 情境创设

在5.2节的项目中，工人要对房屋一面内墙进行墙面抹灰，请帮助他完成此工作任务。

3. 教学过程

1）资讯

(1) 由教师带领学生根据学习目标，详细了解墙面抹灰所需要的材料和工具，掌握墙面抹灰需要的一些步骤，收集资讯。

(2) 材料准备：水泥，熟石灰，中砂，水。

(3) 工具准备：铁抹子，木抹子，托灰板，刮尺，托线板，小线等。

2）计划

教师帮助学生根据收集到的信息，制定计划，包括如何开展决策，实施步骤计划，检查评估等过程。

3）决策

对目前收集到的资讯及列出的详细计划作出判断，教师辅导学生做出决策，决策包括对于该项目的实施步骤、检查表格与评估计划等。

4）实施

**说明**：为保证抹灰质量，普通抹灰的施工方法要求"三遍成活"，即一底层，一中层，一面层。其中底层、中层抹灰工序也称为"装挡"。本实训项目应在项目一练习并达到一定要求的基础上进行。一般情况下，标筋两小时后，当标筋砂浆达到七八成干时，可开始抹底子灰。应注意掌握好时间，不要过早或过迟。

步骤一：底层上灰

先薄薄地抹一层1∶3的石灰砂浆与基层粘结(也可用1∶0.3∶3混合砂浆)。

步骤二：上中层灰

待底层灰七八成干后(手触及不软)，在底层灰上洒水，待其收水后，即可上中层。紧接着分层装挡至与标筋之间的墙面砂浆抹满。抹灰时一般自上而下，自左向右涂抹，其厚度以垫平标筋为准，然后用短刮尺靠在两边标筋上，自上而下进行刮灰，并使其略高于标筋，再用刮尺赶平，如图5-30所示。最后用木抹子搓实。

图5-30 "装挡"做法示意图

步骤三：做阳角护角

首先清理基层并浇水湿润，用钢筋卡或毛竹片固定好八字靠尺后，吊其垂直，并与相邻两侧标筋相平，然后用1∶1水泥砂浆分层抹平，等砂浆收水后拆除了靠尺，再用阳角抹子抹光，最后用八字靠尺和铁板切除50 mm外的多余砂浆并切成直槎。

**注**：为了避免阳角处破坏，应在门窗、洞口等处均用水泥砂浆抹护角。

**操作提要**：抹灰一般按标筋分仓进行，一手握托灰板，一手握铁抹子(要紧而有力)，铁抹子横向将砂浆抹于墙面，用力要均匀，托灰板靠近墙面，接于铁抹子下方，以便承接抹灰时掉下的余灰。使用刮尺时，人站成骑马式，双手紧握刮尺，均匀用力，由下往上呈“之”型移动，并使刮尺前进方向的一边略微翘起，手腕要灵活。凹陷处应补抹砂浆，然后再刮，直至平直为止，刮完一块后，用木抹子搓平、搓毛，然后全面检查一遍：底子灰是否平整，阴阳角是否方正，墙顶板交接处是否光滑平整，并用靠尺检查墙面的垂直、平整情况，发现问题及时修补。

**注**：施工中根据质量要求，有时中层抹灰可与底层抹灰一起进行，所用材料与底层相同，但应符合每遍厚度要求，且底层抹灰的强度不得低于中层及面层的抹灰强度。

步骤四：抹罩面灰

当底子灰六七成干时，就可抹罩面灰了。如果底子灰较干，应先洒水湿润。用钢皮抹子，从边角开始，自左向右，先竖向薄薄抹一遍，再横向抹第二遍，厚度约为 2 mm。并压平压光，如图 5-31 所示。

图 5-31　抹罩面灰

**注**：罩面灰一般采用纸筋灰（或麻刀灰面纸筋、麻刀纤维材料）掺入石灰膏，主要起拉结作用，使其不易开裂、脱落，增强面层灰耐久性。

步骤五：场地清理

抹灰完毕，要将粘在门窗框、墙面上的灰浆及落地灰及时清除，打扫干净。并清理交还工具

**注**：室内一般抹灰主要项目工艺流程：

（1）单位工程内抹灰：先房间，再走道，最后楼梯间。

（2）房间内抹灰：顶棚抹灰→梁抹灰→墙面抹灰→柱抹灰→楼面抹灰→细部（台度、踢脚、窗台）抹灰。

（3）顶棚抹灰：弹水平线→基层处理→洒水湿润→抹底层灰→抹中层灰→抹面层灰。

（4）墙面抹灰：基层处理→洒水湿润→做标志块、标筋→阳角做护角→抹底层灰→抹中层灰→抹罩面灰→抹窗台板、踢脚线（或墙裙）→清理。

（5）水泥楼（地）面抹灰：基层处理→洒水湿润→刷素水泥浆结合层→做标志块、标筋→铺水泥砂浆压头遍→第二遍压光→第二遍压光→养护。

5）检查

在教学过程中，教师和学生是否按照要求完成了任务需要进行检查，其检查的标准如下：

（1）表面不应有裂缝、空鼓、爆灰等现象。

（2）墙面应平整、垂直、接槎平整、颜色均匀。

（3）边角平直、清晰、美观、光滑。

（4）水泥砂浆抹灰表面不起泡、不起砂。

6）评估

最后由教师对学生进行评估，填写内墙墙面抹灰表格（表 5-38）。

表 5-38　　学生工作页:内墙墙面抹灰

| 姓名 | 班级 | 指导教师 | 总成绩 |
|---|---|---|---|

| 知　识　要　点 | 评分权重 15% | 成绩 |
|---|---|---|
| 1. 抹灰工程的概念 | | |
| 2. 抹灰为什么要分层? 作用是什么 | | |
| 3. 各抹灰层之间分层厚度为多少 | | |
| 4. 一般抹灰工程常用砂浆有哪些 | | |
| 5. 内墙抹灰施工工艺流程 | | |

| 操　作　要　点 | 评分权重 15% | 成绩 |
|---|---|---|
| 1. 记录抹灰用工具名称 | | |
| 2. 记录抹灰用材料配比和用量 | | |
| 3. 任务一的操作步骤 | | |
| 4. 标志块的制作顺序和间距 | | |
| 5. 标筋的间距 | | |
| 6. 记录底层灰、中层灰、罩面灰的厚度 | | |
| | | |
| | | |

| 操作心得 | |
|---|---|

| 考核验收 | | | | 评分权重 60% | | 成绩 |
|---|---|---|---|---|---|---|
| 项目 | 要求及允许偏差/mm | 检验方法 | 验收记录 | 配分 | 得分 | |
| 1 | 工作程序 | 正确的拌制砂浆<br>正确的工作程序 | 检查 | | 10 | |
| 2 | 工作态度 | 遵守纪律、态度端正 | 观察、检查 | | 10 | |
| 3 | 标志块、标筋的位置、距离 | 设置合理,3 | 用 2 m 小尺检查 | | 10 | |
| 4 | 表面平整度 | 3 | 用托线板和塞尺检查 | | 15 | |
| 5 | 表面垂直度 | 3 | 用托线板和塞尺检查 | | 15 | |
| 6 | 厚　度 | 3 | 用 2 m 小尺检查 | | 10 | |
| 7 | 粘结牢固 | 不脱落、开裂 | 检查 | | 10 | |
| 8 | 安全 | 不出安全事故 | 巡查 | | 10 | |
| 9 | 整洁 | 工具完好、作业面的清理 | 观察、检查 | | 10 | |

| 质量检验记录及原因分析 | | 评分权重 10% | 成绩 |
|---|---|---|---|
| 质量检验记录 | 质量问题分析 | 防治措施建议 | |
| | | | |
| | | | |
| | | | |

# 6 行动导向教学法及案例

## 6.1 行动导向的教学法

行动导向学习是20世纪80年代以来职业教育教学论中出现的一种新的思潮。行动导向学习与认知学习有紧密的联系,都是探讨认知结构与个体活动间的关系。但行动导向的学习强调以人为本,认为人是主动、不断优化和自我负责的,能在实现既定目标过程中进行批判性的自我反馈,学习不再是外部控制,而是一个自我控制的过程。在现代职业教育中,行动导向学习的目标是获得职业能力,包括在工作中非常重要的关键能力。

行动导向学习的特点是:

(1) 教学内容与职业实践或日常生活有关,教学主题往往就是在工作过程中经常遇到的问题,甚至是一个实际的任务委托,便于实现跨学科的学习。

(2) 关注学习者的兴趣和经验,强调合作和交流。

(3) 学习者自行组织学习过程,学习多以小组进行,充分发挥学习者的创造思维空间和实践空间。

(4) 交替使用多种教学方法,最常用的有模拟教学法、案例教学法、项目教学法和角色扮演法等。

(5) 教师从知识传授者的角色转为学习过程的组织者、咨询者和指导者。

由于行动导向的学习对提高人的全面素质和综合职业能力起着十分重要的作用,所以日益被世界各国职业教育界的专家所推崇。

专业教学论经历过学科定向的学习、行动导向的学习和学习领域定向的学习发展阶段。其中,行动导向已成为职业学习的指导原理,行动导向的概念可以不同的方式与不同的教学论目标相联系。行动导向包含分析问题、计划、决策、实施、检查和评估等步骤。

### 6.1.1 行动导向的特点

行动导向有三个特点①(Drechsel):

1. 行动导向是一个多维的概念

要考虑专业工作和劳动组织的形式之间的关系正在发生变化。伴随技术革新所出现的与之相关的分流教育形式,还必须考虑相关职业的继续发展。实践导向和工作行动的完整性成为基本的前提。

2. 行动导向的组织内容

(1) 职业行动导向(实践导向)。

---

① Drechsel K. Fachrichtungsspezifische Ansätze zur handlungsorientierten Gestaltung der Universitären Ausbildung von Berufsschullehrern der Fachrichtung Elektrotechnik. In: Lipsmeier, A., Rauner, F.: Beiträge zur Fachdidaktik Elektrotechnik. Stuttgart. 1996, S. 307.

(2) 完整行动导向,包括独立的计划、实施和监控(行动导向)。

(3) 整体行动导向,即具备合格的社会能力(社会导向)。

例如,在北威州实施的行动导向课程有下列的特点:

(1) 学习的出发点是为了行动,应尽可能是具体实用的行动,至少是思想上可领会的行动。

(2) 行动必须与学习者的经验联系,与其动机相适应。

(3) 行动必须要求学习者尽可能独立地进行计划、实施、监控并评价。

(4) 行动应允许学生体验现实尽可能多的意义,使学生对情境有完整的体验。

(5) 学习过程必须伴随着社会合作的交往过程。

(6) 行动结果必须与学习者的经验继承,并体现其社会应用。

显然,这样理解的行动导向要求职业教育的教师具有教学法—方法论的能力。教育者应是学习的咨询者和主持者。

3. 行动导向的职业教育要求行动导向的职教师资培养

德国德累斯顿技术大学为电气专业的职教师资培养提供的行动导向学习,分为三个水平级:电气技术课程实验的理论和实践,自动化技术的职业教学论实习,项目讨论课。

第一水平级是应用性的学习活动,具有电气技术课程试验的意义,是针对职校师资队伍的试验实习。第二个水平级为符合具体规定的试验任务为主的教学活动。第三个水平级是为学生选择的项目,既考虑了学生的专业,又考虑了专业职业教学论,可供学生效仿。

### 6.1.2 教学组织与原则

完成一个学习性工作任务,要遵循"完整的行动模式",因此教学组织也应符合这种模式。理论教师和实训教师不再是一个提供所有信息、说明该做什么并解释一切的传授者,也不再是始终检查学生活动并进行评价的监督者。作为学生学习过程的咨询者和引导者,在"完整的行动模式"中教师的行动应该是(图 6-1)①:

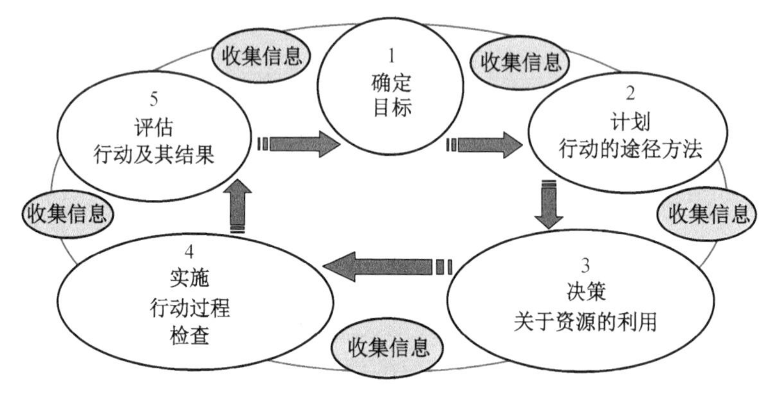


图 6-1 学习性工作任务中完整的行动

(1) 确定目标:学生必须独立实现一个给定的目标(根据学习性工作任务),或者独自提出一个学习性工作任务的目标,例如开发某种产品的个人版本,根据已有的材料改变给定的设计方案,提高装配技术或改进劳动工具,制定装配货物的时间等。教师则规定活动的范围、使用

① Hoepfner, H.-D.: Integrierende Lern- und Arbeitsaufgaben. IFA-Verlag GmbH Berlin, 1995.

材料和完成时间，并帮助学生或向其提供提示，使其找到自己的目标（如果目标已经给定，教师就必须激励学生独立去实现目标）。

（2）计划：学生制定小组工作计划或制定独自工作的步骤，着手制作几个不同的计划方案；教师给出提示，并为他们提供信息来源；其他教师（例如基础学科）可在必要时进行授课，让学生获得相应的知识。

（3）决策：学生在自己制定的几个计划方案中确定一个并告诉教师；教师对计划中的错误和不确切之处做出指导，并对计划的变更提出建议。

（4）实施和检查：学生按照工作计划实施，并检查活动和结果；学生填写教师提供的检查监控表，其他教师（例如基础学科）为学生提供适合于实施和检查的信息；教师应在如下情况下予以干涉：使用机器有危险情况发生，学员未遵循健康和安全规章，产生结果偏差，或者不符合设定的目标。

以下是教学组织中的几个原则。

1. 教师作为主持人和咨询者的几个原则

（1）尽可能一直站在幕后。

（2）不需要回答每一个问题。

（3）为学生独立行动做出提示。

（4）激励学生寻找自己解决问题的途径。

（5）随时接受学生各种行动的方式。

（6）激发学生随时随地的思考。

2. 小组交流的几个原则

（1）积极听取发言：积极的听众对发言者的关注和兴趣可通过行动显示出来（脸部表情，肢体语言，提出的问题等）。这可以避免产生误解并引发讨论。

（2）轮流、有次序的发言：这是口头交流的基本原则。

（3）不要过早对小组发言做出评判：对小组工作过程进行评判是很重要的，但首先要了解小组成员的想法意见；如果有不同的观点，可以在后面提出讨论。

（4）给捣乱者发言的优先权：给捣乱者发言的优先权可以避免个别参与者破坏性的行为，否则将影响小组工作的进行。

（5）记录讨论内容：每个小组成员都可以看到他们究竟讨论了哪些内容，如果讨论结果是记录在黑板或张贴板上，则可以将讨论的成果保存下来。为了不依赖于主持人而让所有参与者都加入讨论，可以采用张贴板法，让每个人把自己的意见想法写在卡片上并粘在张贴板上。记录下的内容将作为一个会议的备忘录，或作为将来讨论的模型。

### 6.1.3 行动导向教学法的种类

行动导向教学法包括：

（1）头脑风暴法。

（2）卡片展示法。

（3）思维导图法。

（4）模拟教学法。

（5）实验教学法。

（6）案例教学法。

(7) 项目教学法。

(8) 引导文法。

(9) 角色扮演教学法。

然而“教学有法,教无定法”,认识、模仿、应用、开发各种教学方法,根据不同情况灵活应用,是教师的教学能力发展之路。

## 6.2 实验教学法及案例

### 6.2.1 实验教学法概述

实验是一个获得数据和信息的体验过程,它是验证一种假设的过程。实验是为了检验一个或多个独立变量的改变与改变后的效果,或整个实验的改变与其改变后的效果。实验方式有书面测试或实际操作测试。

实验教学法是一个归纳认识方法的教学方案。它以一个技术或自然科学现象为出发点,在被监控和受限的条件下重现/模拟现象并对其进行分析。实验教学法,应该着重于在实验过程中培养学生的“关键能力”,是一种包含获取任务、解决策略、计划、实施、评价以及结论六个步骤的行为导向教学法,重在培养学生的个性——即独立性和创造性。

### 6.2.2 案例——结构纸模型制作

该案例适合 2~3 年级学生,具备一定的实践经验和力学基础知识。

1. 实验条件与原材料

(1) 纸模型静力承载体系。

(2) 承载体系边界条件(图 6-2)。

(3) 硬纸张,胶水,荷载挂钩。

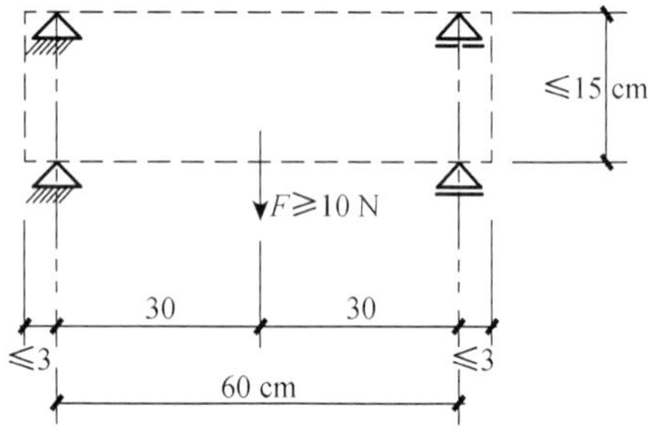

图 6-2 实验教学法案例——纸模型制作

2. 任务描述

(1) 用给出的纸张根据边界条件设计一个纸模型承载体系,可以采用任意结构形式(例如桁架结构,实腹梁,箱梁等),但要达到最佳的受力性能(参见第 5 点的指标)(独立完成)。

(2) 控制模型的尺寸。

(3) 测试模型重量 $G[g]$。

(4) 保证模型结构至少承重 $F = 10[N]$。

(5) 进行破坏实验,求得破坏荷载 $F_{Br}[N]$(课堂共同实验)。

(6) 求得破坏荷载 $F_{Br}[N]$和模型重量之比 $G[g]$,作为结构受力性能的评判指标。

$$L = F_{Br}[N]/G[g]$$

3. 教学目标

纸模型制作实验教学的主要目的是:

(1) 学生不需要经过理论分析计算,完全凭自己的想象,直观的去解决问题。

(2) 学生可以观察实验过程,经历结构模型的破坏过程,获得感性认识,而这种破坏性实验花费较小,在实际结构中却是不允许发生的。

(3) 培养学生的独立工作能力和判断力。

4. 教学组织/实施

此任务要求1～2个人为一个小组,而且要独立完成:

(1) 纸模型设计,制作计划。

(2) 制作纸模型。

(3) 实施——进行破坏实验。

(4) 评价纸模型——与理论对比,分析检查破坏原因。

(5) 评价任务,包括详细的工作文献整理,还要与其他的小组进行交流。

5. 教学内容分析

在纸模型实验中,学生完全可以靠自己的感觉或者观察已有的建筑物,或者查阅相关资料等手段,设计制作自己的模型,以达到最佳的模型受力效果。学生还必须独立思考解决的问题有:

(1) 考虑到材料——纸的特点,分析思考设计哪种结构最适合发挥其受力特性。

(2) 选择设计纸模型的结构形式。

(3) 制作如何进行"施工",理解从设计到施工是一个从理论到实践这样一个过程。

(4) 考虑纸模型结构的破坏形式,包括弯曲、平面外失稳、扭曲等破坏形式。

(5) 学生还需要用自己的所学知识来判断,自制的纸模型会出现哪种形式的破坏。

(6) 学生还需要学会分析为什么会出现该种形式的破坏,原理是什么。

(7) 在实际生活中有哪些类似情形。

(8) 如何改进。

### 6.2.3 实验教学法案例评价

与传统教学理念不同,实验教学不是用实验的方法证明一个已知的并且存在的理论,或者用实验的手段加深学生对某一个理论、公式的认识,而是指师生通过共同实施一个完整的"实验"工作而进行的教学行动,它体现了从教师为中心的线性传授向以学生为中心的网络化独立学习转变的教学思想。

在实验行动的不同阶段,需要学生具有创造性思维。即使实验失败了,在寻找错误的根源,如基本假设或实验误差等,也可获得启迪。因此,需要强调指出,实验不只是用来检验假设的正确与否,实验行动蕴含的实质在于,在一定条件下学生的实验行动,要以检验自己的假设为目标,综合应用已有的知识,通过工具、测试手段的运用,观察、判断、搜寻乃至阐释有关现象,从而培养了能力。

如果仅仅采用实验的方法证明一个已知的并且存在的理论,那么每个学生事先都有了真理的标准,得到的实验结果可能是千篇一律、令人满意的,但却绕过了发现并解决问题的一个创造性思维的过程。所以说,实验教学的整个过程比单纯的实验结果重要得多。

## 6.3 引导文教学法及案例

### 6.3.1 引导文教学法概述

引导文教学法是借助一种专门教学文件即引导课文(常常以引导问题的形式出现),通过工作计划和自行控制工作过程手段，引导学生独立学习和工作的项目教学方法。其任务是建立起项目工作和它所需要的知识、技能间的关系，让学生清楚完成任务应该通晓什么知识，应该具备哪些技能等。引导文教学法是一个面向实践操作，全面整体的教学方法，通过此方法学生可对一个复杂的工作流程进行策划和操作。

引导文教学法在当今是一种普遍的教学方法，该方法是自20世纪70年代起在一些大型工业公司中创造的(如戴姆勒-奔驰，福特，西门子，赫施)。

引导文教学法尤其适用于培养所谓的关键能力，让学生具备独立制订工作计划、实施和检查的能力。更广泛地说引导文教学法也是对专业能力、方法能力和社会能力的培养。

教师提供一个书面的以提问形式出现的任务。学生完成此任务借助辅助材料。辅助材料中含有完成任务所需要的提示和必要的专业信息。引导问题和引导文为学生提供信息并对整个工作过程的执行提供帮助。

### 6.3.2 案例——混凝土预埋板的制图与加工

该教学案例适合1年(下半学期)或者2年级学生，具备初步的建筑制图基本知识，用于钢结构/金属加工培训中，并且学生经历过简单的引导文教学，了解引导文教学的基本常识步骤。

1. 学习任务制定

如图6-3所示，给出一块钢结构柱底板，学生按照该底板尺寸、孔距完成相应的基础预埋件的制作。

教师为学生制定任务，并在工作间准备好相应的原材料以后，要求学生必须完成：

(1) 测量钢结构柱底板的尺寸、螺栓孔定位、孔距、孔直径。

(2) 按照测出的数据要求制作施工图、加工大样图。

(3) 按照预埋件的尺寸在给出原材料钢板上画线定位。

(4) 切割预埋件。

(5) 预埋件打磨，表面处理。

(6) 预埋件钻孔。

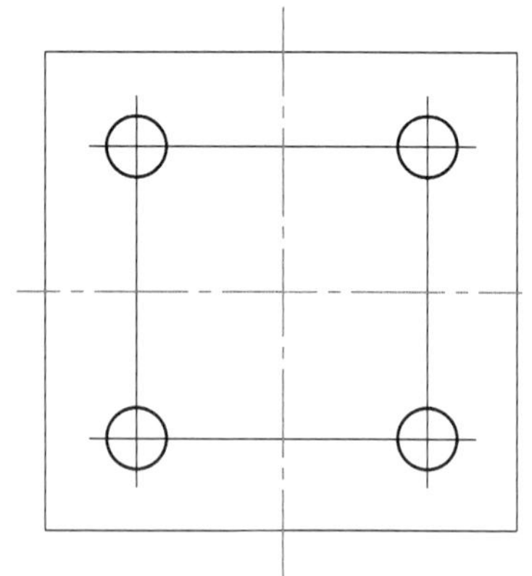

图6-3　引导文教学法案例——混凝土预埋板的制图与加工

2. 引导问题

1) 关于测量

(1) 工程测量的范畴是什么?

(2) 测量工具选择得依据是什么?

(3) 测量时需要注意什么?

(4) 测量时容易出现哪些误差? 如何避免?

(5) 测量时圆规起到什么作用?

(6) 如何用游标卡尺测量孔的内径?

(7) 测量公差含义是什么?

(8) 应用测量工具时要注意什么?

2) 关于工程制图

(1) 工程施工图和加工大样图的区别是什么?

(2) 大样图要达到哪些要求?

(3) 大样图线条要注意什么?

(4) 主线、辅助线、轴线的区别?

(5) 线型有哪些?

(6) 切角如何绘制?

(7) 需要哪些制图工具?

3) 关于画线

(1) 画线针使用时有哪些劳动保护措施?

(2) 画线时要注意什么?

(3) 如何才能精确地画线?

(4) 钢材上如何画线才能更清晰?

(5) 可以采用哪些辅助手段/工具帮助画线?

4) 关于切削加工

(1) 按照钢结构加工规范,切割属于哪一类?

(2) 描述刀具形式。

(3) 熟悉哪一种切割方法,用于制作什么?

(4) 切削加工的方向(推/拉)?

(5) 切削加工时要注意哪些?

5) 关于打磨、表面处理

(1) 打磨有哪些重要的规则?

(2) 打磨有哪些步骤?

(3) 钢结构板材边缘处理有哪些?

(4) 钢结构除锈的目的是什么?

(5) 钢结构除锈有哪些方式? 哪些等级?

(6) 钢结构除锈步骤是什么?

(7) 钢结构除锈注意事项是什么?

6) 关于钻孔

(1) 在使用钻孔机时要注意什么?

(2) 钻头如何安装?

(3) 如何固定钢板?

(4) 钢构件钻孔前要如何准备?

(5) 如何处理机器发热问题?

(6) 钻头直径、钢板厚度、机器转数之间的关系是什么?

3. 工作计划

请完成工作计划的制定,参照表 6-1。

4. 检查/评价表格

检查(尤其是学生的自我检查)必须伴随整个引导文教学工程中。在检查表格中要给出检查的内如,例如:

1) 大样图绘制的规范程度

(1) 是否符合制图规范。

(2) 测量精确程度和测量标准的检验等。

表 6-1　　混凝土预埋板的制图与加工工作计划表

| | 工作内容、步骤 | 工具/手段 | 注意事项 |
|---|---|---|---|
| 测量 | | | |
| 工程制图 | | | |
| 画线 | | | |
| 切削加工 | | | |
| 打磨、表面处理 | | | |
| 钻孔 | | | |

提示：
(1) 禁止去触碰转动的构件。
(2) 工作前摘除围巾、首饰。
(3) 用帽子保护好头发，穿好工作服。
(4) 一定要带保护镜。
(5) 宽大的袖子必须卷好固定。

2) 构件加工制作的质量(表 6-2)

(1) 构件外形尺寸检验。

(2) 螺栓孔直径和位置。

(3) 构件表面质量等。

表 6-2　　混凝土预埋板的制图与加工评价表

| | 评　价　标　准 | 分　　数 |
|---|---|---|
| 1 | 构件总体印象 | |
| 2 | 构件表面处理质量 | |
| 3 | 构件尺寸大小符合程度 | |
| 4 | 螺栓孔大小、位置精确程度 | |
| 5 | 大样图绘制的规范程度 | |
| 6 | 机器设备使用熟练程度 | |
| 7 | 劳动安全、环境保护关注程度 | |
| 8 | 是否按时间计划进行、完成 | |
| | 总　　分 | |

5. 引导句

引导句包含了为解决任务所需的所有信息，这里不展开描述。

## 6.4 考察教学法及案例

### 6.4.1 考察教学法概述

考察教学法是由教师和学生共同计划，由学生独立实施的一种“贴近现实”的活动，它包括信息的搜集，积累经验和训练能力。考察教学法是一种由教师和学生共同参与的教学方法，这种教学方法的中心是学生独立搜集和整理不同来源的信息。

考察教学法意味着在实践中现场对事实情况、经验和行为方式进行有计划的研究，有助于培养学生走近现实、在独立组织的学习，过程中认识理解现实的能力。

考察教学法符合下列教学原则：

(1) 探索式学习。

(2) 独立自主学习和主体导向。

(3) 社会性学习。

(4) 方法学习和过程导向。

(5) 行动导向。

(6) 跨专业学习。

### 6.4.2 案例——房屋施工质量问题调研

1. 问题的引入

房屋在施工阶段如果出现施工问题，质量控制不严，在后期房屋使用过程中会出现各种各样的缺陷，例如墙体开裂，瓷砖贴面剥落，漏水、渗水等现象。我国由于建筑业职业培训总体水平不高，大量房屋或多或少都存在这样的问题。(相关的照片、资料、网页、媒体报道等)。

该案例适合于高年级学生，掌握了大量的基本专业知识和实际操作技能。

2. 学习任务

请你考察我校某一教学楼，仔细观察，找出该教学楼出现的质量(施工方面)问题，用照片形式记录下来；将这些问题按照工种进行归类，并查阅相关资料，在教师帮助下或者访问专家，对这些现象进行分析，指出发生这些现象的可能原因，提交报告。

3. 教学组织

(1) 准备阶段确定考察主题和考察范围。2～3 人一小组，按照专业分为几大类：

① 建筑装饰施工。

② 结构施工。

③ 水暖电施工。

④ 设备安装。

学生按照专业类别独立描述考察任务，在教师帮助下就考察主题与房屋负责人员以及访谈专家建立联系，从而确定考察日期和考察所需时间。

(2) 计划。小组商定考察流程和考察对象领域，按照日常生活经验提出可能的房屋质量问题以及要考察的部位，小组内分配考察任务。

学生准备材料(问卷表,考察内容表),查阅一些相关专业书籍。

(3) 实施。现场进行考察,并访谈教师/专家,进行专业咨询。

(4) 评价/汇报。小组中交流感受和成果,进行总结,以小组方式汇报考察成果。

(5) 反馈。提出发现新的、以往没有注意的问题,将报告反馈给大楼使用者。

## 6.5 思维导图法及案例

### 6.5.1 思维导图法概述

思维导图,又叫心智图,是表达发射性思维的有效图形思维工具,是一种革命性的思维工具,简单却又极其有效。思维导图运用图文并重的技巧,把各级主题的关系用相互隶属与相关的层级图表现出来,把主题关键词与图像、颜色等建立记忆链接,思维导图充分运用左右脑的机能,利用记忆、阅读、思维的规律,协助人们在科学与艺术、逻辑与想象之间平衡发展,从而开启人类大脑的无限潜能。思维导图因此具有人类思维的强大功能。

思维导图是一种将放射性思考具体化的方法。我们知道放射性思考是人类大脑的自然思考方式,每一种进入大脑的资料,不论是感觉、记忆或想法——包括文字、数字、符码、食物、香气、线条、颜色、意象、节奏、音符等,都可以成为一个思考中心,并由此中心向外发散出成千上万的关节点,每一个关节点代表与中心主题的一个连结,而每一个连结又可以成为另一个中心主题,再向外发散出成千上万的关节点,而这些关节的连结可以视为您的记忆,也就是您的个人数据库。

思维导图以放射性思考模式为基础的收放自如方式,除了提供一个正确而快速的学习方法与工具外,运用在创意的联想与收敛、项目企划、问题解决与分析、会议管理等方面,往往产生令人惊喜的效果。它是一种展现个人智力潜能极致的方法,将可提升思考技巧,大幅增进记忆力、组织力与创造力。它与传统笔记法和学习法有量子跳跃式的差异,主要是因为它源自脑神经生理的学习互动模式,并且开展人人生而具有的放射性思考能力和多感官学习特性。

### 6.5.2 案例——实心砖墙砌筑

1. 问题导入

某砌筑工人需要砌筑一堵实心砖墙,请帮助设计好工艺流程。

2. 学习任务

了解并掌握砌筑工艺流程,该案例适合于一年级学生。

3. 教学组织

将整个砌筑工艺的流程用思维导图法画出,如图 6-4 所示。

4. 思维导图法案例评价

思维导图法为学生提供一个有效思维图形工具,运用图文并重的技巧,开启学生大脑的无限潜能。心智图充分运用左右脑的机能,协助学生在科学与艺术、逻辑与想象之间平衡发展。近年来,思维导图完整的逻辑架构及全脑思考的方法更被广泛在世界和中国应用在学习及工作方面,大量降低所需耗费的时间以及物质资源,对于每个学生学习效率的大幅提升,必然产生令人无法忽视的巨大功效。

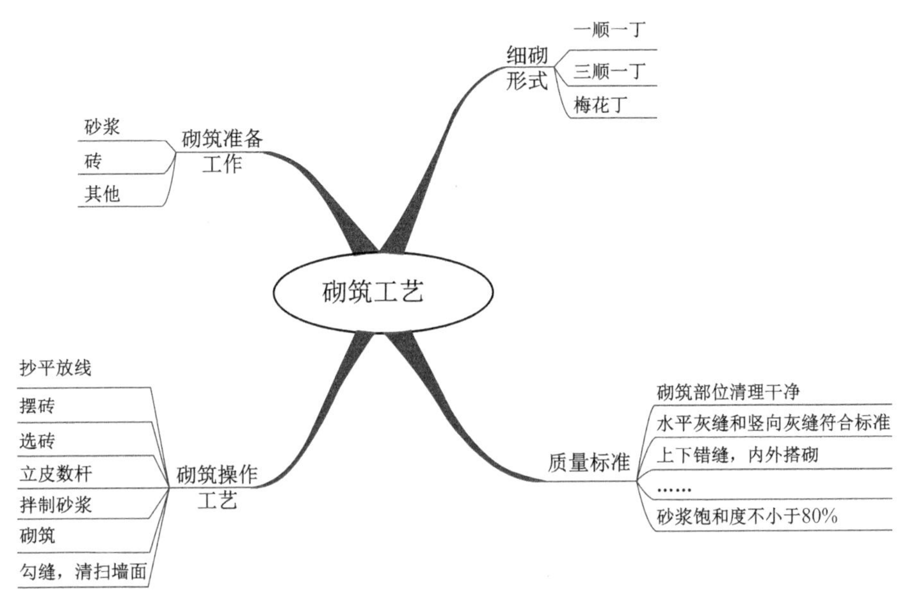


图 6-4　思维导图法案例——砌筑工艺流程

## 6.6　案例教学法及案例

### 6.6.1　案例教学法概述

20 世纪初,哈佛大学创造了案例教学法。即围绕一定培训的目的把实际中真实的情景加以典型化处理,形成供学员思考分析和决断的案例(通常为书面形式),通过独立研究和相互讨论的方式。提高学员分析问题和解决问题能力的一种方法。这种教学方法依照法律工作中立案办法把教学内容编成案例形式进行教学,很受欢迎。在当今世界的教育和培训中受到重视和广泛的应用。

案例教学法将特定的职业或专业相关的事件、过程、发展、行动、情景等以陈述或者报告的形式再现,其中特别事件的时序、该事件发生的特别的背景明显可辨。案例教学法鼓励学生为案例中介绍的问题寻找可行的解决方法,分析其可行性并解释、证明原因。学生必须搜寻更多新信息或者利用现有资料获取信息,同时全面考虑这些信息,并跟案例紧密联系起来。利用案例教学进行学习可以达到以下目的:

(1) 要求学习者寻找所提出问题的可能的解决方案。

(2) 借助合适的材料深入思考或检测已有的解决方案,提出并论证解决之建议 其中自主学习和合作学习通常占据主导地位。学习的结果除了认识了解问题以及可能的解决方案,还可以实现。

(3) 确认特别重要的事物之间的相互关联;将案例中发现的结果、相互关联及行事方式进行有意义的抽象和推广。

### 6.6.2　案例——人工拌制混凝土

1. 问题的引入

野外浇筑沟渠,只能进行人工搅拌,沟渠需要的混凝土强度等级为 C25,现场石子最大粒径为 40 mm,砂为细砂,坍落度要求 30～50 mm,一般的耐久性要求,需要制作一组(3 个)混凝土标准试块(尺寸:150 mm×150 mm×150 mm)进行强度的验证。现场工作的工人如何进行操作?

2. 学习任务

人工搅拌混凝土制作混凝土试块;分小组进行讨论、准备、制定计划和操作,并且提交报告。

(1) 任务准备:

① 安全交底:野外注意用火;施工器械的合理位置放置;佩戴劳保用品。

② 技术交底:施工前工程量的计算;器具是否完好,检验后使用;采用"三干三湿法"拌制混凝土。

(2) 任务讨论:组长进行安全教育和施工方案交底,各组员分工明确。

(3) 任务执行:填写任务书,如表 6-3 所示。

该案例适合于二年级学生,掌握了混凝土材料的一些基本知识和操作技能。

**表 6-3　　案例教学——人工拌制混凝土**

<table>
<tr><td colspan="4">人工拌制混凝土任务交底书</td></tr>
<tr><td rowspan="2">工程名称</td><td rowspan="2"></td><td>填表人</td><td></td></tr>
<tr><td>日　期</td><td></td></tr>
<tr><td colspan="4">步骤:<br>① 本次实训工程的劳保用品:<br><br>② 初步工程量的计算:<br>共需要混凝土 ____ m³,其中砂____ kg,石____ kg,水泥____ kg,水____ kg。<br>现场条件下的砂____ kg,石____ kg,水泥____ kg,水____ kg。<br>③ 三干三湿法进行拌合。<br>④ 经工作性调整后原材料用量:<br>砂____ kg,石____ kg,水泥____ kg,水____ kg,坍落度值____mm。<br>现场条件下的砂____ kg,石____ kg,水泥____ kg,水____ kg。<br>⑤ 制成混凝土试块:<br>成型日期:____________,开始养护日期____________。<br>⑥ 现场清理,并填写所用到的器具:</td></tr>
<tr><td>技术负责人签字</td><td></td><td>相关参与工作人员签字</td><td></td></tr>
</table>

3. 教学目标

(1) 掌握关于混凝土工程的相关专业概念。

(2) 掌握“三干三湿”的操作工艺。

(3) 了解野外用火以及施工器械劳保用品等的安全措施。

(4) 掌握工程量计算的方法。

4. 案例教学法案例评价

案例研究与具体的教育教学工作相结合，工作、教学与研究一体化，着眼于解决教育教学过程中出现的真实的问题，强调实践与反思，强调合作与分享，最终目标是调整与改进教师的教育教学行为，增加教师的实践智能；案例研究是开放的，允许学生从各个侧面对案例作多元解读；案例研究是有限制的，不能指望通过案例研究就能解决所有问题，更不能不顾特定的历史条件、背景而把有限制的对案例的认识和解读推而广之，无限扩大。

案例研究在讲究情境性的同时，还非常注重过程性，也就是不能孤立、静态地看问题，还应该对情境变化进行跟踪，了解其变化的状态和趋势，把握其变化的整个过程。

案例教学法生动具体、直观易学。案例教学的最大特点是它的真实性，由于教学内容是具体的实例，加之采用形象、直观、生动的形式，给人以身临其境之感，易于学习和理解。案例教学还能够集思广益。教师在课堂上不是“独唱”，而是和大家一起讨论思考，学员在课堂上也不是忙于记笔记，而是共同探讨问题。由于调动集体的智慧和力量，容易开阔思路，收到良好的效果。

# 参考文献


[ 1 ] Bader R. Konzeptionen der Lehrerausbildung für berufliche Schulen[G]//Bader R, Pätzold G. Lehr erbildung im Spannungsfeld von Wissenschaft und Beruf. Bochum: Universitätsverlag Dr N Brockmeyer,1995:105-125.

[ 2 ] Drechsel K. Fachrichtungsspezifische Ansätze zur handlungsorientierten Gestaltung der Universitären Ausbildung von Berufsschullehrern der Fachrichtung Elektrotechnik [G]// Lipsmeier A,Rauner F. Beiträge zur Fachdidaktik Elektrotechnik. Stuttgart: [s. n. ],1996:307-323.

[ 3 ] Gronwald D,Martin W. Fachdidaktik Elektrotechnik[G]//Bonz B,Ott B. Fachdidaktik des beruflichen Lernens. Stuttgart:[s. n. ],1998:88-102.

[ 4 ] Schanz H. Lehre und Forschung der berufliche Fachdidaktiken an deutschen Universitäten[G]//Bonz B, Ott B. Fachdidaktik des beruflichen Lernens. Stuttgart: [s. n. ],1998:31-57.

[ 5 ] Posch P. Fachdidaktik in der Lehrerbildung[M]//Fachdidaktik in der Lehrerbildung. Wien:Altrichter H,1983:19-33.

[ 6 ] Köhnlein W. Beziehungen und gemeinsame Aufgaben von Fachdidaktik, Fachwissenschaft und Allgemeiner Didaktik [ M ]//Fachdidaktik zwischen Allgemeiner Didaktik und Fachwissenschaft. Bad Heilbrunn Klinkhardt:Keck Rudolf W,1990:40-46.

[ 7 ] Kreuzer H, Looft M. Lernfeld Vom fächerstrukturierten zum handlungsorientierten Unterricht[J]. Berufsbildung,2000,61:21-23.

[ 8 ] Jenewein K. Methoden beruflichen Lernens und Handelns in der Fachrichtung Elektrotechnik — Eine fachdidaktische Aufgabe[M]//Lehrerbildung im gesellschaftlichen Wandel. Frankfurt am Main:Bernard F,2000:315-341.

[ 9 ] Lipsmeier A,Rauner F. Beiträge zur Fachdidaktik Elektrotechnik[M]. Stuttgart:[s. n. ], 1996.

[10] Ott B,Götz S,Hohenburg R. Problem- und handlungs- orientierte Ausbildung an der Universität-Lehramtsstudierende projektieren eine Roboterzelle[J]. Die berufsbildende Schule,1999,51:59-62.

[11] Spöttl G,Dreher R,Becker M. Eine kompetenzorientierte Lernkultur als Leitbild für die Lehrerbildung[G]//Becker M,Dreher R,Spöttl G. Lehrerbildung und Schulentwicklung in neuer Balance. ORT:[s. n. ],2004:42-56.

[12] Bloy W. Fachdidaktik Bau-, Holz- und Gestaltungstechnik[M]. Hamburg:Handwerk und Technik,1994.

[13] Gronwald D. Der Experimentalprozeß im Unterricht in der beruflichen Bildung[R]. Okt, 1977.

[14] Höpfner H D. Integrierende Lern- und Arbeitsaufgaben [M]. Berlin: IFA-Verlag

GmbH, 1995.

[15] Rauner F. Experimentierendes Lernen in der technischen Bildung[G]//Experimentelle Statik an Fachhochschulen — Didaktik, Technik, Organisation, Anwendung. Alsbach: Steffens K, 1985.

[16] Steffens K. Experimentelle Statik an Fachhochschulen — Entwicklung eines didaktischen und technischen Konzeptes für die Lehre[R]. Bremen: Hochschule Bremen, 1984.

[17] Hoepfner H D. Self-reliant learning in Technical Education and Vocational Training [M]. Berlin: BOBB, c2005.

[18] Yan M Z. Experimentelle Statik — Berufswissenschaftliche Grundlage fuer das experimentelle Lernen im Bereich der Baustatik[D]. Bremen: Universitaet Bremen, 2001.

[19] Sonntag K. Arbeitsanalyse und Technikgestaltung[M]. Koenl: [s. n.], 1987.

[20] Drechsel K. Fachrichtungsspezifische Ansätze zur handlungsorientierten Gestaltung der Universitären Ausbildung von Berufsschullehrern der Fachrichtung Elektrotechnik [G]// Lipsmeier A, Rauner F. Beiträge zur Fachdidaktik Elektrotechnik. Stuttgart: [s. n.], 1996: 307.

[21] Bonz B, Ott B. Fachdidaktik des beruflichen Lernens[M]. Stuttgart: Franz Steiner Verlag, 1998: 103-132.

[22] Petersen W. Berufs- und Fachdidaktik im Studium von Berufspaedagogen[M]. [s. n.]

[23] 张建荣. 职业发展概述[R], 上海: 同济大学职业技术教育学院, 2005.

[24] 赵志群. 职业教育与培训学习新概念[M]. 北京: 科学出版社, 2003.

[25] 商继宗. 教学方法——现代化的研究[M]. 上海: 华东师范大学出版社, 2001.

[26] 国家教委职业技术教育中心研究所. 职业技术教育原理[M]. 北京: 经济科学出版社, 1998.

[27] 陈祝林, 雅尼士, 徐朔. 职业教育中的新型教学方法和教学媒体[M]. 上海: 同济大学出版社, 1999.

[28] 姜大源. 当代德国职业教育主流教育思想研究[M]. 北京: 清华大学出版社, 2007.

[29] 姜大源. 学科体系的结构与行动体系的重构——职业教育课程内容序化的教育学解读[J]. 中国职业技术教育, 2006(2).

[30] 姜大源. "学习领域"课程: 概念、特征与问题[J]. 外国教育研究, 2003, 30(1).

[31] 王建初, 颜明忠. 德国职业教育"学习领域"课程改革的理论诠释[J]. 外国教育研究, 2009(7): 78-81.

[32] 王建初, Rützel Josef. 德国"学习领域"课程理论与实践探索[J]. 昆明冶金高等专科学校学报, 2008(3): 80-85.

[33] 姜大源, 吴全全. 德国职业教育学习领域的课程方案研究[J]. 中国职业技术教育, 2007(2): 47-54.

[34] 山颖. 工作过程系统化学习领域课程中学习情境的设计[J]. 职教论坛, 2008(16): 19-21.

[35] 徐涵. 德国学习领域课程方案的基本特征[J]. 教育发展研究, 2008(1): 69-71, 77.

[36] 赵志群. 职业教育学习领域课程及课程开发[J]. 徐州建筑职业技术学院学报, 2010(2): 1-8.

[37] 张建荣, 董静. 建筑施工工种实训[M]. 上海: 同济大学出版社, 2010.

[38] 刘俐."基于工作过程系统化课程模式"的学习情境设计初探[J].物流工程与管理,2009(7):143-145,152.
[39] 吉益民.情境认知论与高校现代汉语教学改革[J].宁波大学学报(教育科学版),2012(4):115-118.
[40] 李丰.情境认知与学习观的变革[J].宁夏大学学报(人文社会科学版),2007(05).
[41] 孙达,叶丽.中职工业与民用建筑专业课改系列丛书:混凝土工[M].[s.n.]
[42] 韩桂凤.现代教学论[M].北京:北京体育大学出版社,2003.
[43] 陈永芳.德国专业教学论研究及其在职教师资培养中的地位[J].职业技术教育(教科版),2003,24(19).
[44] 徐朔.专业教学论:职教师资的"职业科学"[J].职教论坛,2008(4):7-9.
[45] 陈永芳.职业教育专业教学论[M].北京:清华大学出版社,2007:1-10.
[46] 王娜.德国职教师资培养中的"专业教学论"研究[D].天津:天津大学职教学院,2009.
[47] 崔京浩.土木工程——一个平实而又重要的学科[J].工程力学,2007(S1):1-31.
[48] 任晓峥.浅谈土木工程发展的现状及趋势[J].中国新技术新产品,2013(13):111-112.
[49] 姜绍飞,苏莹.分形理论在土木工程领域中的应用[J].工程力学,2009(S1):148-152,162.
[50] 凯斯·斯努克,曹春莉.BIM是关于整个星球的[J].土木建筑工程信息技术,2015(3):1-15.
[51] 李云贵.工程结构设计中的高性能计算[J].建筑结构学报,2010(6):89-95.
[52] 孙璐,葛敏莉,李易峰,等.土木工程信息化发展综述[J].东南大学学报(自然科学版),2013(2):436-444.
[53] 王长青.再生混凝土结构性能研究最新进展[J].建筑结构,2014(22):60-66.
[54] 董彪.超高层建筑的现状及设计[J].四川建筑,2015(1):157-159.
[55] 洪开荣.我国隧道及地下工程发展现状与展望[J].隧道建设,2015(2):95-107.
[56] 李俊.土木工程专业本科教育与职业规划[J].高等建筑教育,2011(1):15-18.
[57] 建筑与市政工程施工现场专业人员职业标准:JGJ/T 250—2011[S].北京:中国建筑工业出版社,2011.